理大量用户和海量数据的特性。

⑧1998 年 8 月，Oracle 公司正式发布了 Oracle 8i。“i”代表 Internet，这一版本中添加了大量为支持 Internet 而设计的特性。这一版本为数据库用户提供了全方位的 Java 支持。Oracle 8i 成为第一个完全整合了本地 Java 运行时环境的数据库，用 Java 就可以编写 Oracle 的存储过程。Oracle 8i 添加了 SQLJ（一种开放式标准，用于将 SQL 数据库语句嵌入客户机或服务器 Java 代码）、Oracle interMedia（用于管理多媒体内容）及 XML 等特性。同时，Oracle 8i 很大程度上提高了伸缩性、扩展性和可用性，以满足网络应用需要。

⑨2000 年 12 月，Oracle 公司发布了 Oracle 9i。在 Oracle 9i 的诸多新特性中，最重要的就是 Real Application Clusters（RAC）了。RAC 使多个集群计算机能够共享对某个单一数据库的访问，以获得更高的可伸缩性、可用性和经济性。Oracle 9i 的 RAC 在 TPC－C 的基准测试中打破了数项记录，一时间在业内备受瞩目。

⑩2003 年，Oracle 公司发布了基于网格计算的 Oracle 10g。g 代表 grid（网格）。这一版的最大特性就是加入了网格计算的功能。网格计算可以把分布在世界各地的计算机连接在一起，并且将各地的计算机资源通过高速的互联网组成充分共享的资源集成。通过合理调度，不同的计算环境被综合利用并共享。

⑪2007 年 7 月 11 日，Oracle 公司发布了其最新数据库产品，即 Oracle Database 11g。这一版本是 Oracle 公司近年来最大、最完善的版本。2012 年，Oracle 首次举办全球的 Oracle Cloud World 活动，重点关注如何使用 Oracle 数据库和 Java 云服务。通过实现在数据库云和集成式系统（如 Oracle Exadata 和 Oracle 数据库机）上的整合，Oracle 数据库 11g 帮助客户降低 IT 成本和提高服务质量，实现快速、可靠、安全且轻松管理所有类型的数据库负载，其中包括企业管理软件、数据仓库和大数据分析。

⑫2013 年 6 月 26 日，Oracle 发布了的 Oracle 12c，其中 c 为 Cloud 缩写，代表云计算。

⑬2018 年 2 月，Oracle 在 Oracle Cloud 上一体机环境发布了 Oracle 18c。

2.2.3　Oracle 11g 产品概述

为了满足各种组织和个人对数据库性能、价格等的不同需求，Oracle 11g 提供了 4 个版本，每个版本适用于不同的开发和部署环境，包括标准版 1、标准版、企业版、个人版。

标准版 1（Oracle Database 11g Standard Edition One）为工作组、部门级和互联网/内联网应用程序提供了好的易用性和性能价格比。从针对小型商务的单服务器环境到大型的分布式部门环境，标准版 1 包含了构建关键商务的应用程序所必需的全部工具。该版本的缺点是，只能在最高容量为两个处理器的服务器上使用。

标准版（Oracle Database 11g Standard Edition）提供了良好的易用性、能力和性能，可以通过真正的应用集群为大型的计算机和服务集群提供支持。可以在最高容量为 4 个处理器的单台服务器上使用，也可以在一个最多 4 个处理器的集群上使用。

企业版（Oracle Database 11g Enterprise Edition）为关键任务的应用程序提供了高效、可靠、安全的数据管理。Oracle 数据库企业版为企业提供了满足当今关键任务应用程序的可用性和可伸缩性需求的工具和功能。它包含了 Oracle 数据库的所有组件，并且能够通过购买选项和程序包得到进一步增强。

个人版（Oracle Database 11g Personal Edition）支持需要与 Oracle Database 11g 标准版 1、Oracle Database 11g 标准版和 Oracle Database 11g 企业版完全兼容的单用户开发和部署。

2.3 任务 2—安装与卸载 Oracle 11g

2.3.1 Oracle 11g 的安装

首先，打开 Oracle 官网（www. oracle. com），在页面下方选择“Software Downloads”，进入下载页面（https://www. oracle. com/downloads/index. html），在此页面中找到“Database”，单击“oracle Database 11g Enterprise/Standard Editions”，进入数据库 11g 企业版下载页面（https://www. oracle. com/technetwork/database/enterprise-edition/downloads/index. html）。在此页面中，找到“Oracle Database 11g Release 2”，然后根据操作系统进行选择下载，本项目选择“Microsoft Windows（x64）”，单击后面的“See All”。在打开的页面中选择“Oracle Database 11g Release 2（11. 2. 0. 1. 0）for Microsoft Windows（x64）”下面的两个压缩文件，即“win64_11gR2_database_1of2. zip”和“win64_11gR2_database_2of2. zip”，分别下载。将两个下载的文件一起解压到同一目录下的同一文件夹内，路径名称中不要出现中文，也不要出现空格等不规则字符。然后开始安装，具体步骤如下：

（1）找到“setup. exe”，右击，选择“以管理员身份运行”，弹出“Oracle Universal Installer”对话框，如图 2-1 所示。Oracle Universal Installer（OUI）是基于 Java 技术的图形界面安装工具，利用它可以很方便地完成在不同操作系统平台上，不同类型、不同版本的 Oracle 软件安装任务。

图 2-1 “Oracle Universal Installer”对话框

（2）检查没有问题，进入“配置安全更新”对话框，如图 2-2 所示。本步用于接收有关配置安全问题的通知，可将自己的电子邮件地址填写进去，也可以不填写。取消选择“我希望通过 My Oracle Support 接收安全更新（W）”。

（3）单击“下一步”按钮，进入“选择安装选项”对话框，如图 2-3 所示。选择默认的“创建和配置数据库”。

（4）单击“下一步”按钮，进入“系统类”对话框，如图 2-4 所示。有两个选项，其中，桌面类针对在笔记本或桌面类系统中安装；服务器类针对在服务器类系统中安装。此处选择“服务器类”。

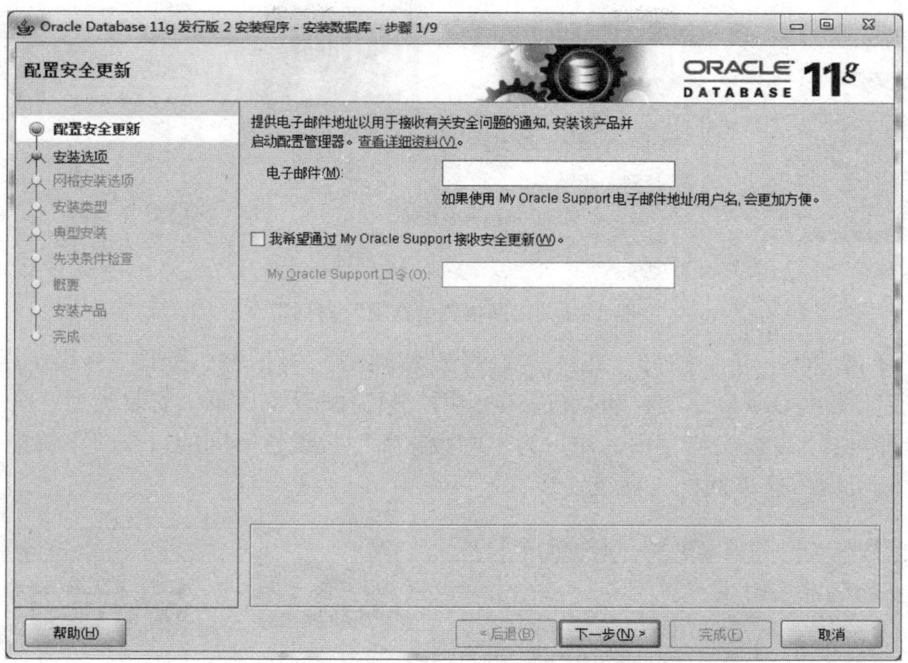

图 2－2　“配置安全更新”对话框

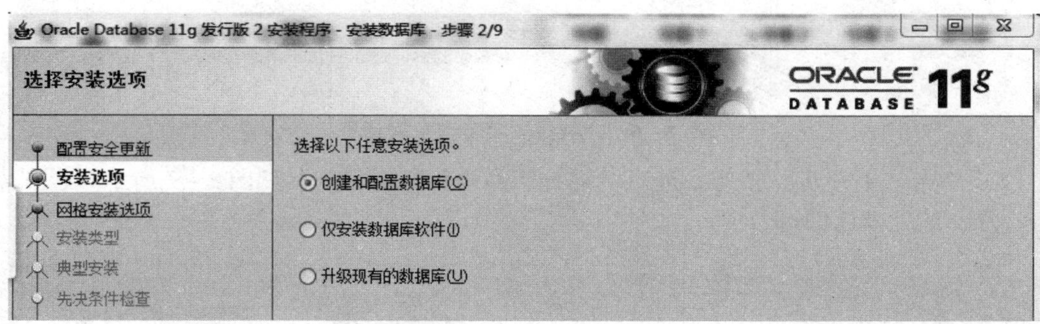

图 2－3　“选择安装选项”对话框

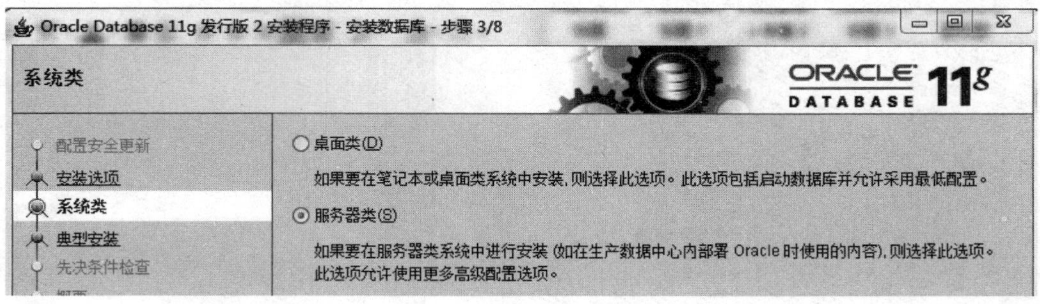

图 2－4　“系统类”对话框

（5）单击“下一步”按钮，进入“网格安装选项”对话框，如图 2－5 所示。选择“单实例数据库安装”。

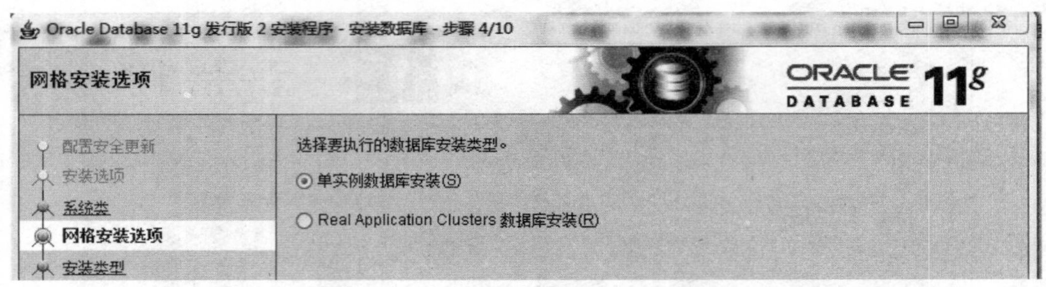

图 2 – 5　“网格安装选项”对话框

（6）单击“下一步”按钮，进入“选择安装类型”对话框，如图 2 – 6 所示。其中，“典型安装”是由 Oracle 系统自动执行安装，用户只需配置主目录、安装类型、全局数据库名等信息即可；“高级安装”中，用户为不同数据库账户设置不同的口令、字符集、备份策略等，比较灵活。这里选择“高级安装”。

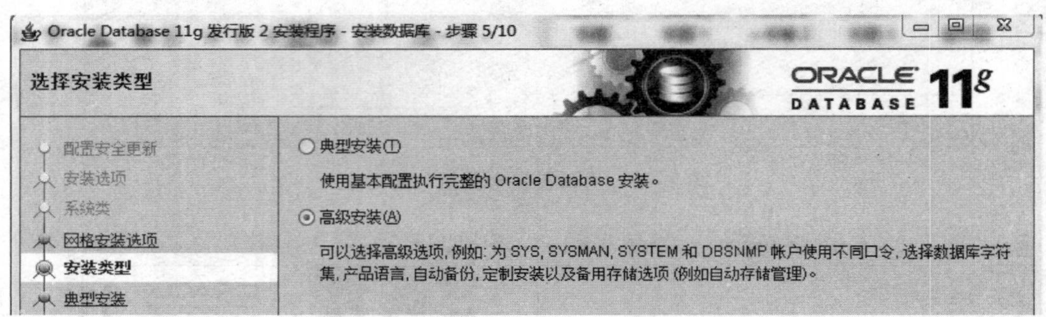

图 2 – 6　“选择安装类型”对话框

（7）单击“下一步”按钮，进入“选择产品语言”对话框，如图 2 – 7 所示。根据需要进行选择，此处默认即可。

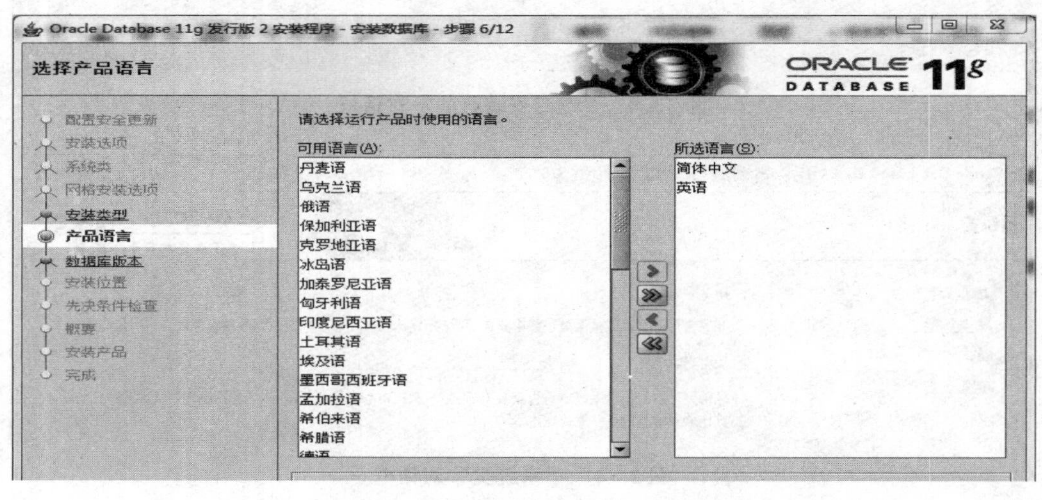

图 2 – 7　“选择产品语言”对话框

（8）单击“下一步”按钮，进入“选择数据库版本”对话框，如图 2 – 8 所示。此处选择“企业版”。

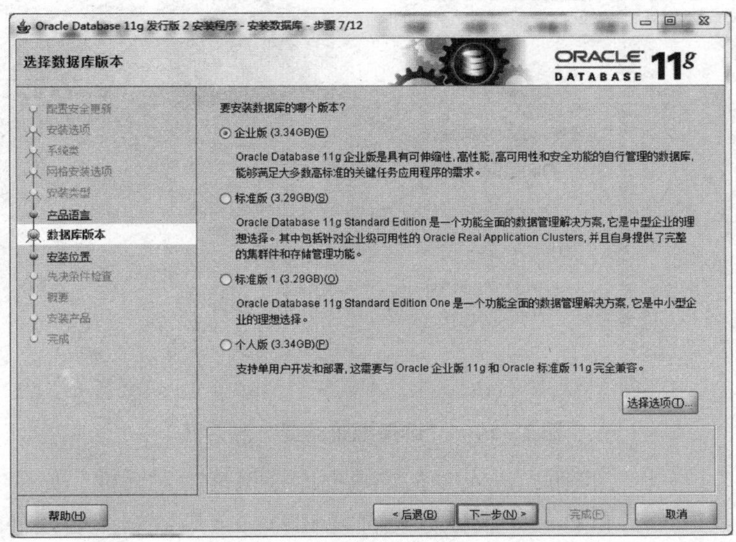

图 2 – 8　“选择数据库版本”对话框

(9) 单击“下一步”按钮，进入“指定安装位置”对话框，如图 2 – 9 所示。此处设置 Oracle 基目录和软件位置，需要注意的是，目录路径不要含有中文或其他的特殊字符。

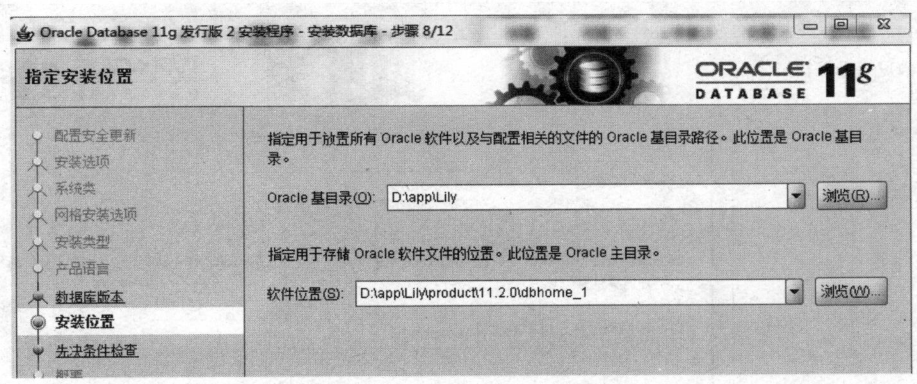

图 2 – 9　“指定安装位置”对话框

(10) 单击“下一步”按钮，进入“选择配置类型”对话框，如图 2 – 10 所示。用户可以选择要创建数据库的类型，包括“一般用途/事务处理”和“数据仓库”。选择“一般用途/事务处理”。

①一般用途：使用通用设计的启动数据库，主要为一般用户设置，适用于各种用途的预配置数据库。

②事务处理：为执行大量事务处理的应用程序而优化的启动数据库，适合创建适用于大量并发用户运行简单事务处理的环境的预配置数据库。如果所创建的数据库主要用于日常事务处理，如银行事务系统或 Internet 电子商务，就选择该选项。

③数据仓库：可以创建适用于就特定主题运行复杂查询的环境的预配置数据库。通常用于存储大量的历史数据，为数据分析工具提供支持。

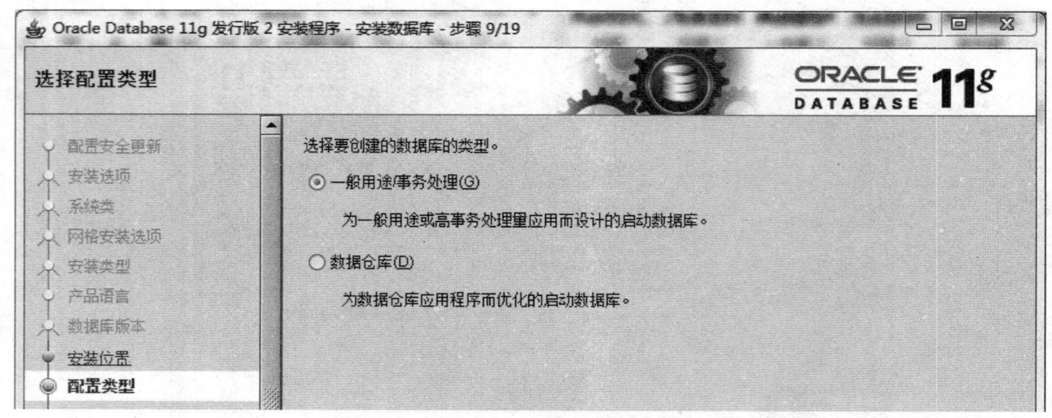

图 2－10 “选择配置类型”对话框

（11）单击“下一步”按钮，进入“指定数据库标识符”对话框，如图 2－11 所示。用户可以指定全局数据库名和 Oracle 服务标识符（SID）。全局数据库名是外部区分的名称，SID 是内部区分的名称。SID 定义了 Oracle 数据库实例的名称，对于单个实例数据库（仅由一个系统访问的数据库），其 SID 通常与数据库名相同。默认的全局数据库名和 SID 都是 orcl。此处，创建图书借阅网站系统数据库时设置的全局数据库名和 SID 都是 bookborrow。

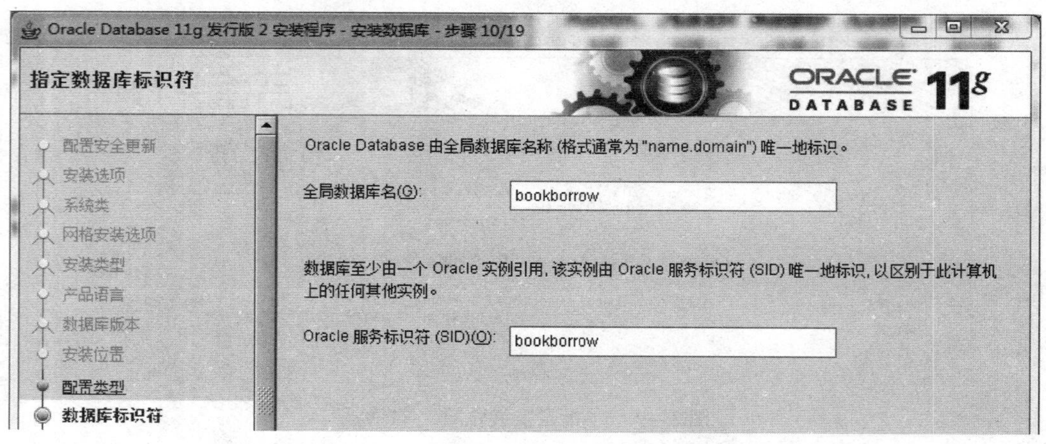

图 2－11 “指定数据库标识符”对话框

①全局数据库名：主要用于分布式数据库系统中区分不同的数据库。由数据库名和域名组成，格式为“数据库. 域名”。例如，图书借阅系统沈阳数据库可以命名为 bookborrow. shenyang. com，抚顺的数据库可以命名为 bookborrow. fushun. com。即使数据库名都相同，但域名不同，也能区分开。数据库名只能包含字母、数字、下划线、英镑符和美元符，且必须以字母开头。

②SID：系统标识符，是 System Identifier 的英文简写，主要用于区分同一台计算机上的同一个数据库的不同实例，支持网络服务。对于单实例数据库（仅由一个系统访问的数据库），其 SID 通常与数据库名相同。

（12）单击“下一步”按钮，进入“指定配置选项”对话框，如图 2－12 所示。内存、字符集及安全性默认，示例方案选择“创建具有实例方案的数据库”。

①内存：设置内存的管理方式，可以启动自动内存管理。

②字符集：数据库字符集决定了字符数据在数据库中的存储方式，默认为操作系统语言字符集。

③安全性：安全设置包括启用数据库审计和使用新的默认口令概要文件。

④示例方案：创建带样本方案或不带样本方案的数据库。如果选择“具有示例方案的数据库”，OUI 会在数据库中创建 HR、OE 等示例方案。

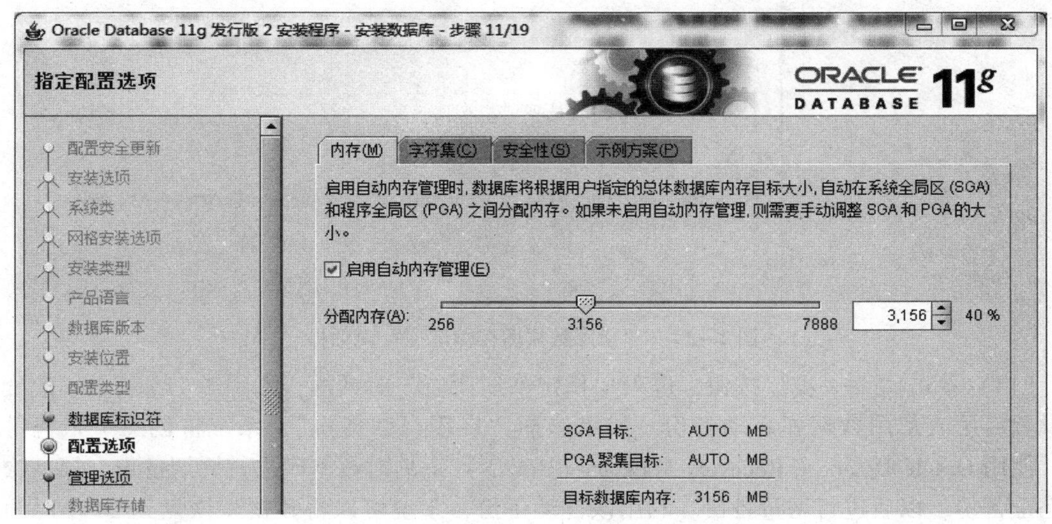

图 2-12　“指定配置选项”对话框

（13）单击“下一步”按钮，进入“指定管理选项”对话框，如图 2-13 所示。每个 Oracle 11g 数据库服务器都可以使用 Grid Control 进行集中管理，也可以使用 Database Control 进行本地管理。如果选择 Grid Control，则需要指定用于集中管理数据库的 Oracle 管理服务。默认选择“使用 Database Control 管理数据库”。

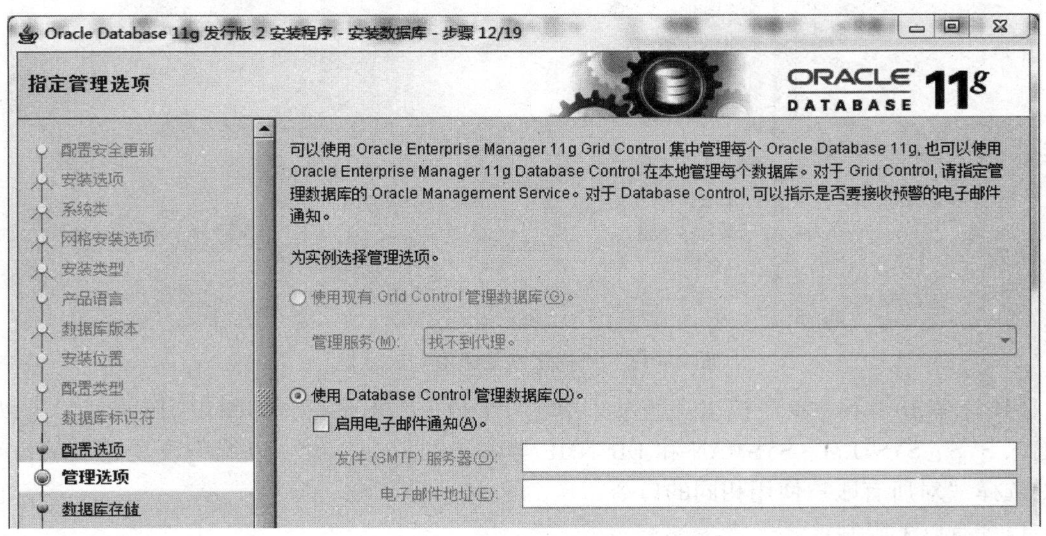

图 2-13　“指定管理选项”对话框

(14) 单击“下一步”按钮，进入“指定数据库存储选项”对话框，如图 2 – 14 所示。选择文件系统，并指定数据库文件的位置。

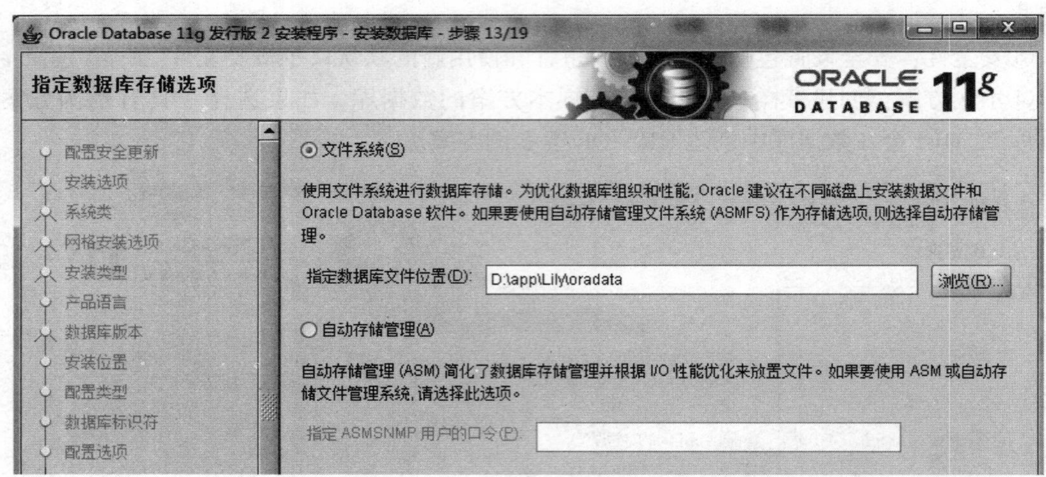

图 2 – 14 “指定数据库存储选项”对话框

(15) 单击“下一步”按钮，进入“指定恢复选项”对话框，如图 2 – 15 所示。此处可以设置启用或禁用数据库自动备份。如果选择“启用自动备份”，系统将创建一个备份作业，使用 Oracle Database Recovery Manager (RMAN) 工具对数据库进行周期备份。第一次进行完全备份，以后进行增量备份。利用该自动备份，系统可以将数据库恢复到 24 小时内的任何状态。同时，需要指定存放备份信息的恢复区的位置。默认选择“不启用自动备份”。

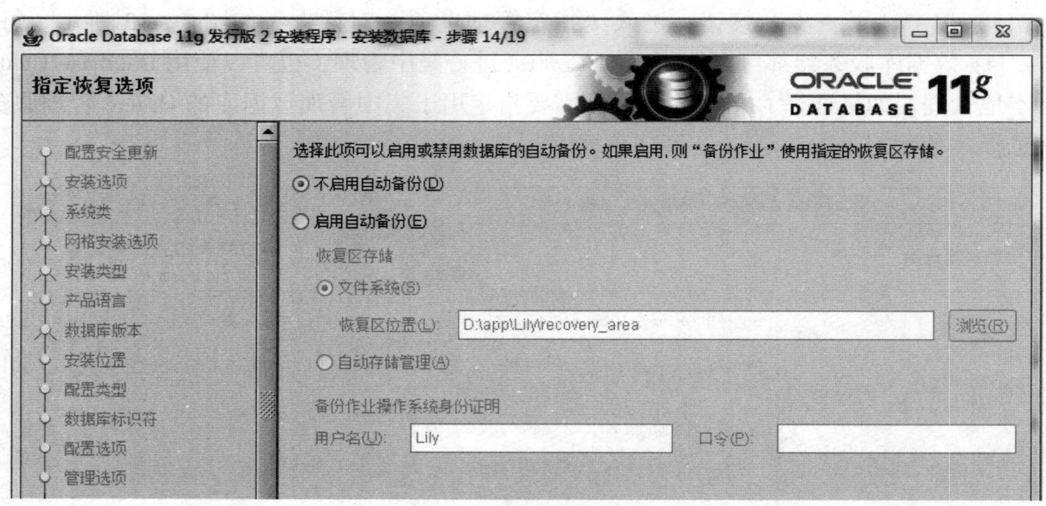

图 2 – 15 “指定恢复选项”对话框

(16) 单击“下一步”按钮，进入“指定方案口令”对话框，如图 2 – 16 所示。可以分别输入 SYS、SYSTEM、SYSMAN 和 DBSNMP 等账户的口令，也可以统一设置它们的口令。此处选择“对所有账户使用相同的口令”。

口令有以下限制：

①长度必须介于 4 ~ 30 个字符之间。

②必须来自数据库字符集，可以包含下划线、美元符（$）及井号（#）。

③不得以数字开头。

④不得与用户名相同。

⑤不得使用 Oracle 的保留字。

⑥SYS 账户口令不得为 change_on_install，SYSTEM 账户口令不得为 manager，SYSMAN 账户口令不得为 sysman，DBSNMP 账户口令不得为 dbsnmp。

⑦如果选择“对所有账户使用相同的口令”，则该口令不得为 change_on_install、manager、sysman 和 dbsnmp。

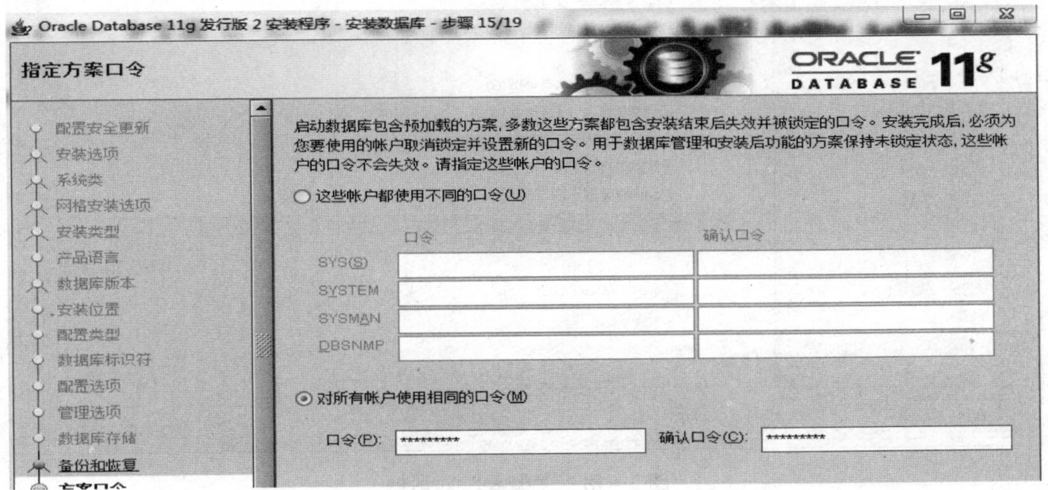

图 2-16　“指定方案口令”对话框

（17）单击“下一步”按钮，进入“执行先决条件检查”对话框，如图 2-17 所示。选择“全部忽略”复选框。

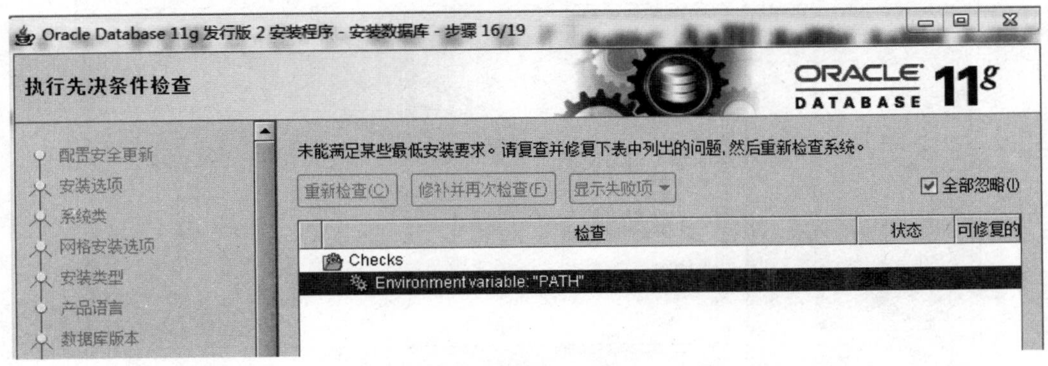

图 2-17　“执行先决条件检查”对话框

（18）单击“下一步”按钮，进入“概要”对话框，如图 2-18 所示。显示在安装过程中选定的选项的概要信息，用户可以在这里确认前面的选择。

（19）确认完成后，单击“安装”按钮，打开“安装产品”对话框，开始安装，如图 2-19 所示。此过程将持续较长时间。

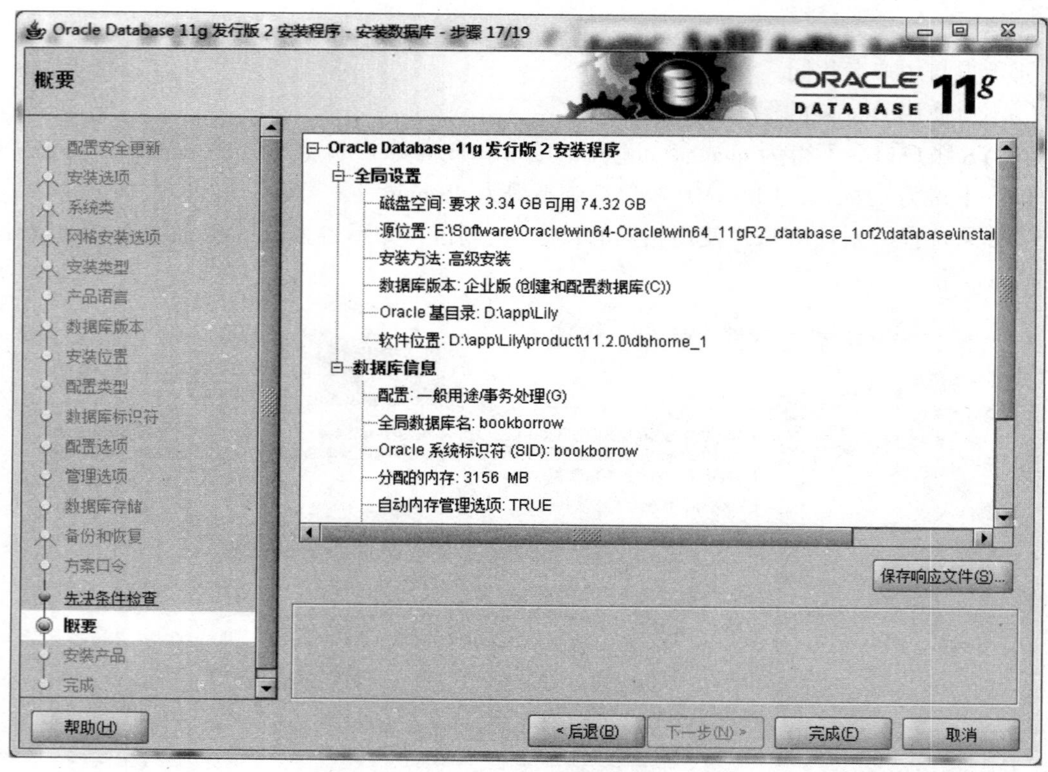

图 2－18　“概要”对话框

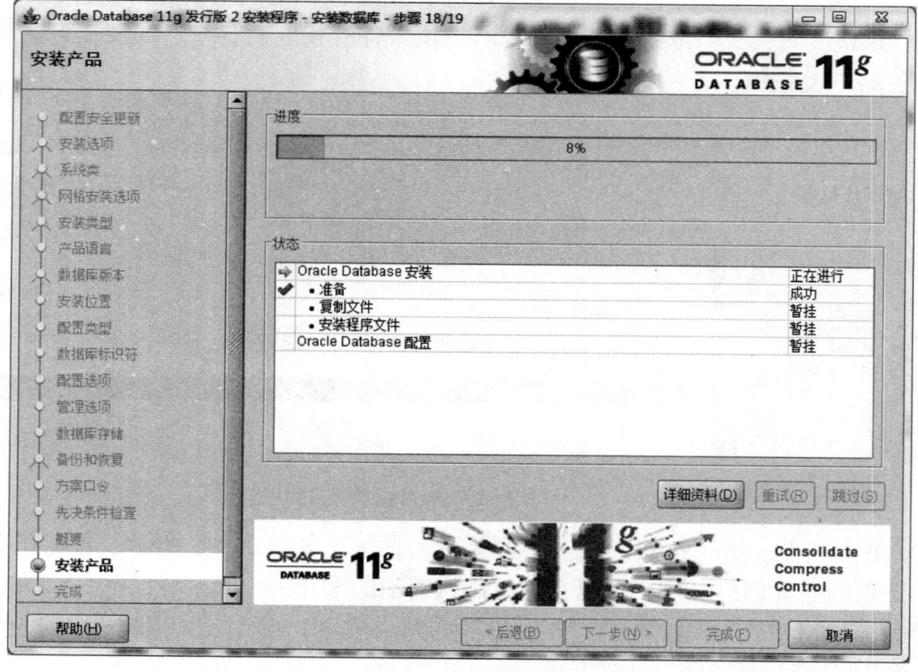

图 2－19　“安装产品”对话框

（20）安装完成后，将打开“完成”对话框，如图 2－20 所示。单击“退出”按钮，结束安装过程。

图 2－20　“完成”对话框

安装结束后，可以在“开始”→“所有程序”中找到 Oracle 的目录，即 Oracle－OraDb11g_home1。

2.3.2　Oracle 11g 的卸载

卸载 Oracle 11g 数据库时，需要完全卸载，而不是一般的应用软件卸载那么简单，否则，会在系统中留有安装 Oracle 数据库的痕迹，从而占用系统资源或影响系统的运行。

完全卸载 Oracle 11g 数据库的方法如下：

（1）在“服务”窗口中停止所有 Oracle 相关的服务。

（2）卸载 Oracle 11g 数据库服务器组件。在“开始”菜单中依次选择“程序”→“Oracle－OraDb11g_home1”→“Oracle 安装产品”→“Universal Installer”，打开“Oracle Universal Installer（OUI）”窗口，单击“卸载产品”按钮，打开“产品清单”窗口，选择要删除的 Oracle 产品，单击“删除”按钮，打开“确认删除”对话框，单击“是”按钮。

（3）手工删除注册表中的 Oracle 相关内容。

运行“开始”→“运行”，输入“regedit”命令，单击“确定”按钮，打开注册表窗口。

①删除 HKEY_LOCAL_MACHINE/SOFTWARE/Oracle 目录。

②删除 HKEY_LOCAL_MACHINE/SYSTEM/CurrentControlSet/Services 中所有以 Oracle 或 OraWeb 开头的键。

③删除 HKEY_LOCAL_MACHINE/SYSETM/CurrentControlSet/Services/Eventlog/application 中所有以 Oracle 开头的键。

④删除 HKEY_CLASSES_ROOT 目录下所有以 Ora、Oracle、Orcl 或 EnumOra 为前缀的键。

⑤删除 HKEY_CURRENT_USER/SOFTWARE/Microsoft/windows/CurrentVersion/Explorer/MenuOrder/Start Menu/Programs 中所有以 Oracle 开头的键。

⑥删除 HKDY_LOCAL_MACHINE/SOFTWARE/ODBC/ODBCINST. INI 中除 Microsoft ODBC for Oracle 注册表键以外的所有含有 Oracle 的键。

其中有些注册表项可能已经在卸载 Oracle 产品时被删除。

（4）删除环境变量中的 PATH 和 CLASSPATH 中包含 Oracle 的值。

(5) 删除“开始”→“程序”中所有 Oracle 的组和图标。

(6) 删除所有与 Oracle 相关的目录，包括：

①C:\Program file\Oracle 目录。

②Oracle_BASE 目录。

2.4 任务3—认识 Oracle 11g 的服务、目录及工具

2.4.1 Oracle 服务

安装完 Oracle 11g 后，系统会创建一组 Oracle 服务，这些服务可以确保 Oracle 的正常运行。在“控制面板”中选择“管理工具”→“服务”，打开“服务”窗口，可以看到一组以 Oracle 开头的服务，主要服务如下（服务名称后的 xxx（小写）和 XXX（大写）是安装时的数据库名）：

(1) OracleServiceXXX。数据库服务，这个服务会启动和停止数据库。只有启动该服务，Oracle 数据库才能正常启动。该服务必须启动。

(2) OracleOraDb11g_home1TNSListener。监听器服务，服务只有在数据库需要远程访问时才需要。无论是远程计算机还是本地计算机，凡是通过 Oracle Net 网络协议连接数据库，都属于远程访问。因此，本服务也必须启动。

(3) OracleDBConsolexxx。Oracle 数据库控制台服务，即企业管理器（OEM）。OEM 是 Oracle 提供的一个基于 Web 的图形化数据库管理工具。通过 OEM，用户可以完成数据库对象、用户权限、数据库文件等的管理。要运行 OEM，必须启动该服务。

(4) OracleJobSchedulerXXX。Oracle 作业调度服务。

(5) OracleOraDb11g_home1ConfigurationManager：配置 Oracle 启动时的参数的服务。

(6) OracleOraDb11g_home1ClrAgent：提供对.NET 支持的 Oracle 数据库扩展服务。

(7) OracleVssWriterXXX：是 Oracle 对 VSS 提供支持的服务。

(8) OracleMTSRecoveryService：是允许数据库充当一个微软事务服务器、COM/COM+对象和分布式环境下的事务资源管理器的服务。

服务有 3 种启动类型，分别为“自动”“手动”和“禁用”。右击任意服务，选择属性，会弹出对应的属性对话框，如图 2-21 所示。可设置启动类型，如果启动类型为“自动”，则操作系统启动时，该服务也启动。由于 Oracle 服务占用较多的内存资源，导致操作系统启动变慢，因此，对于不经常使用的服务，可以设置为“手动”启动。想启用启动类型为“手动”的服务，可以右击服务名称，在弹出的快捷菜单中选择“启动”命令。

2.4.2 Oracle 目录

Oracle 11g 安装完成后，会在安装时指定的 Oracle 目录下形成如图 2-22 所示的目录结构。每个目录的作用如下：

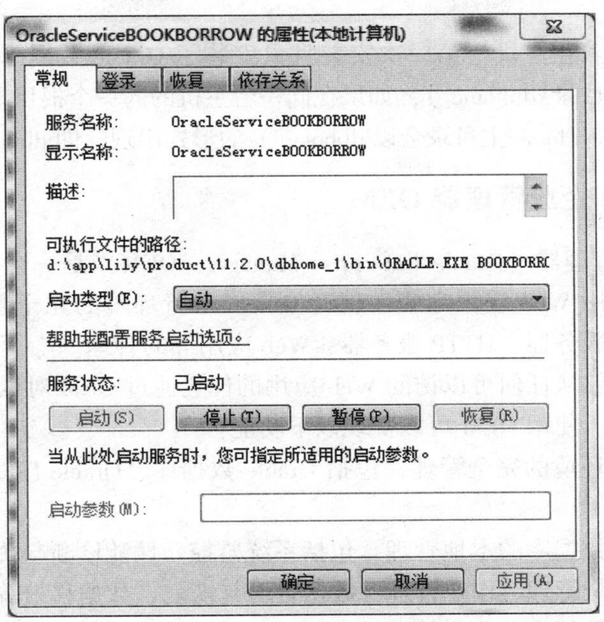

图 2－21　Oracle 服务属性对话框

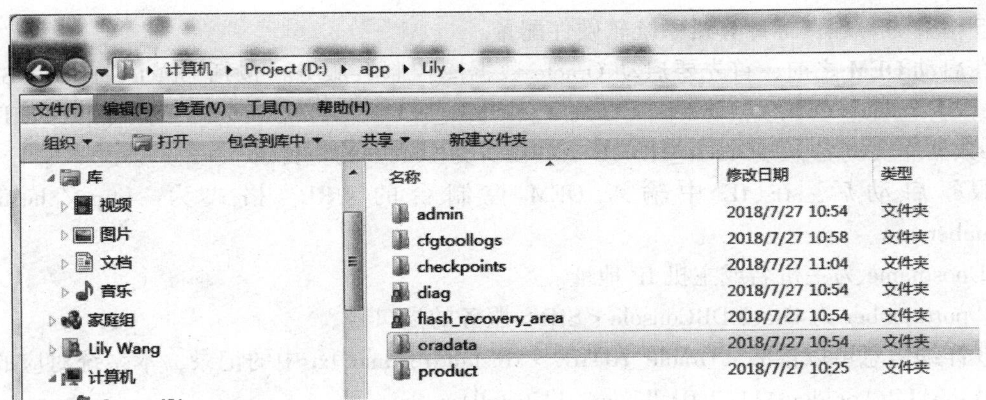

图 2－22　Oracle 目录结构

- admin——以数据库为单位，主要存放数据库运行过程中产生的跟踪文件，包括后台进程的跟踪文件、用户 SQL 语句跟踪文件等。
- cfgtoollogs——存放运行 dbca、emca 和 netca 图像化程序时产生的日志信息。
- checkpoints——存放数据库检查点相关信息。
- diag——以组件为单位，集中存储数据库中各个组件运行的诊断信息。
- flash_recovery_area——以数据库为单位，当数据库启动自动备份功能时，存放自动备份的文件、数据库的闪回日志文件。
- oradata——以数据库为单位，存放数据库的物理文件，包括数据文件、控制文件和重做日志文件。其中 *. dbf 文件对应数据库中每个表空间；. ctl 文件为控制文件；. log 文件对应重做日志文件组及其成员。
- product——存放 Oracle 11g 数据库管理系统相关的软件，包括可执行文件、网络配置文件、脚本文件等。

需要注意的是，若在主机上第一次安装且只安装了 Oracle 数据库，没有其他 Oracle 产品，则使用默认的主目录\dbhome_1；如果在同一台主机的同一个根目录下安装多个产品或安装了第 2 次，则 Oracle_Home 主目录会以 dbhome_n 的形式出现，即 dbhome_2、dbhome_3 等。

2.4.3 Oracle 企业管理器 OEM

Oracle 11g 企业管理器（Oracle Enterprise Manager，OEM）是一个基于 Java 框架开发的集成化管理工具，采用 Web 应用方式实现对 Oracle 运行环境的完全管理，包括对数据库、监听器、主机、应用服务器、HTTP 服务器、Web 应用等的管理。

数据库管理员能够从任何可以访问 Web 应用的位置通过 OEM 对数据库和其他服务进行各种管理和监控操作。使用 OEM 可以实现以下功能：

①对 Oracle 运行环境的完全管理，包括 Oracle 数据库、Oracle 应用服务器、HTTP 服务器等的管理；

②对单个 Oracle 数据库的本地管理，包括系统监控、性能诊断与优化、系统维护、对象管理、存储管理、安全管理、作业管理、数据备份与恢复、数据移植等；

③对多个 Oracle 数据库的集中管理；

④对 Oracle 应用服务器的管理；

⑤检查与管理目标计算机系统软硬件配置。

在启动 OEM 之前，首先要启动 Oracle 数据库控制台服务，包括 OracleService <SID>、OracleDBConsole <SID>、Oracle <Oracle_HOME_NAME> TNSListener。其中，<SID>为 Oracle数据库实例名，<Oracle_HOME_NAME>为 Oracle 的主目录。

服务启动后，在 IE 中输入 OEM 控制台的 URL，格式为：http://hostname.portnumber/em。

①hostname 为主机名或主机 IP 地址。

②portnumber 为 OracleDBConsole <SID> 服务的端口号。

③详细信息可以参阅 <Oracle_HOME> \install\readme.txt 中的记录，本系统对应的路径为 D:\app\Lily\product\11.2.0\dbhome_1\install\readme.txt。

默认情况下，EM 的网址为：http://localhost:1158/em。1158 为 EM 的端口号。

在登录界面，输入用户名 SYS，然后输入对应的口令，在“选择身份”组合框中选择“SYSDBA”，单击“登录”按钮。如果是第一次使用 OEM，会出现“Oracle Manager 11g 许可授予信息”界面，单击“我同意”按钮，进入 OEM 主目录界面，如图 2－23 所示。

在 OEM 中，可以通过 4 个页面对 Oracle 数据库进行监测和管理，分别是主目录、性能、管理和维护。

1. 主目录页面

其中包含如下信息。

①一般信息：包括数据库实例的状态、开始运行时间、实例名、版本、主机和监听程序等。

②主机 CPU：可以通过图形方式查看 Oracle 数据库服务器的 CPU 情况，包括总的 CPU 利用率和当前 Oracle 实例的 CPU 利用率。

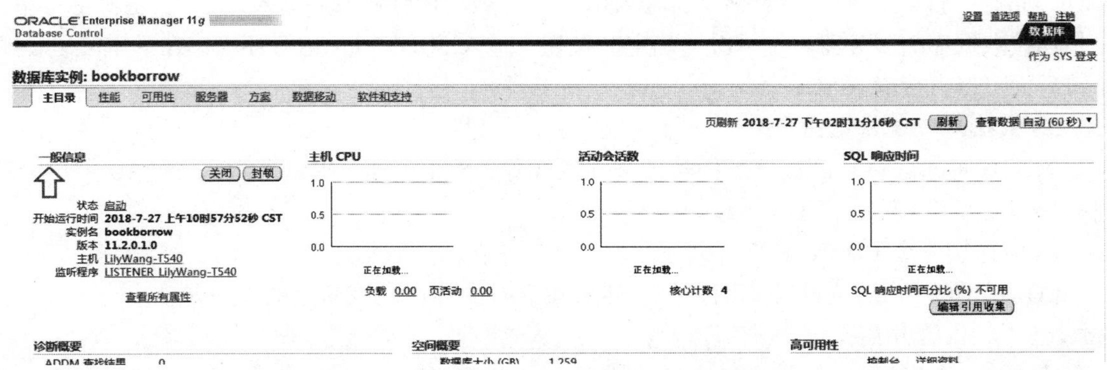

图 2－23　Oracle Enterprise Manager 11g 的主界面

③活动会话数：显示当前所有的活动会话及其状态信息。

④SQL 响应时间：执行一组有代表性的 SQL 语句所需要的平均时间。

⑤诊断概要：可以查看数据库运行的概要信息，扫描预警日志，显示 ORA 错误信息。

⑥空间概要：可以查看数据库空间的概要信息，包括数据库大小、有问题的表空间等。

⑦高可用性：显示与可用性相关的信息，包括实例恢复时间、上次备份时间、可用快速恢复区百分比和闪回事件记录等。

2. 性能页面

在性能页面中，可以通过图形方式查看主机的 CPU 利用率、平均活动会话数、实例的磁盘 I/O 和实例吞吐量等数据，为管理员提供数据库资源使用的情况。

3. 管理页面

管理页面实现数据库管理、方案管理和 Enterprise Manager 管理等功能。

4. 维护页面

该页面可以对 Oracle 数据库进行备份和恢复、设置备份和恢复的参数、导入/导出数据、移动数据库文件及进行软件部署等。

2.4.4　SQL * Plus

1. SQL * Plus 工具简介

SQL * Plus 工具是随 Oracle 数据库服务器或客户端的安装而自动进行安装的管理与开发工具。Oracle 数据库中所有的管理操作都可以通过 SQL * Plus 工具完成。同时，开发人员利用 SQL * Plus 可以测试、运行 SQL * Plus 命令、SQL 语句和 PL/SQL 程序。

SQL * Plus 可以实现以下功能：

①输入、编辑、存储、提取、运行和调试 SQL 语句与 PL/SQL 程序；

②开发、执行批处理脚本；

③执行数据库管理；

④处理数据，生成报表，存储、打印、格式化查询结果；

⑤检查表和数据库对象定义。

2. 启动 SQL * Plus

依次单击“开始”→“程序”→“Oracle－OraDb11g_home1”→“应用程序开发”→

“SQL Plus”，打开“登录”对话框，输入用户名“SYSTEM”，然后输入口令，“主机字符串”是指连接数据库的服务器名。单击“确定”按钮，进入 SQL * Plus 运行环境，在“SQL >”提示符后面可以直接输入 SQL 语句。

3. SQL * Plus 常用命令

为了方便进行 Oracle 数据库的管理与开发操作，SQL * Plus 提供了数据库连接、文本编辑、环境变量设置等一系列命令。

（1）连接命令 CONN[ECT]。

CONN[ECT]命令先断开当前连接，然后建立新的连接。该命令的语法是：

```
CONN[ECT] [Name]/[password][@connect_identifier]
```

例如：

```
SQL >CONNECT system/Oracle11g @BOOKBORROW
```

如果要以特权用户的身份连接，必须要带 AS SYSDBA 或 AS SYSOPER 选项，如：

```
SQL >CONNECT sys/Oracle11g @BOOKBORROW AS SYSDBA
```

（2）断开连接命令 DISCONNECT。

该命令的作用是断开与数据库的连接，但不退出 SQL Plus 环境，如：

```
SQL >DISCONNECT
```

（3）设置环境变量。

SQL * Plus 中有一组环境变量，通过设置环境变量的值可以控制 SQL * Plus 的运行环境，例如设置行宽、每页显示的行数、自动提交方式、自动跟踪等。可以使用 SHOW 命令显示环境变量值，用 SET 命令设置或修改环境变量值。

①PAUSE：当执行结果超过一页时，输出会暂停，直到用户按下 Enter 键，显示下一页。默认是 OFF。例如：set pause on。

②PAGESIZE：设置一页显示的数据行数，默认为 14。例如：set pagesize 20。

③LINESIZE：设置一行可以容纳的字符数量，默认为 80。例如：set linesize 160。

2. 4. 5 PL/SQL Developer

PL/SQL Developer 是一个集成开发环境，是一个可视化的图形工具，专门面向 Oracle 数据库存储程序单元的开发，相对于 SQL * Plus 命令行工具而言比较方便。如今，有越来越多的商业逻辑和应用逻辑转向了 Oracle Server，因此，PL/SQL 编程也成了整个开发过程的一个重要组成部分。PL/SQL Developer 侧重于易用性、代码品质和生产力，充分发挥 Oracle 应用程序开发过程中的主要优势。

PL/SQL Developer 不是 Oracle 自带的工具，需要单独下载安装。安装过程如下：

（1）单击下载的安装文件 plsqldev1201x64. msi，弹出如图 2 – 24 所示的欢迎安装对话框。

理大量用户和海量数据的特性。

⑧1998 年 8 月，Oracle 公司正式发布了 Oracle 8i。“i”代表 Internet，这一版本中添加了大量为支持 Internet 而设计的特性。这一版本为数据库用户提供了全方位的 Java 支持。Oracle 8i 成为第一个完全整合了本地 Java 运行时环境的数据库，用 Java 就可以编写 Oracle 的存储过程。Oracle 8i 添加了 SQLJ（一种开放式标准，用于将 SQL 数据库语句嵌入客户机或服务器 Java 代码）、Oracle interMedia（用于管理多媒体内容）及 XML 等特性。同时，Oracle 8i 很大程度上提高了伸缩性、扩展性和可用性，以满足网络应用需要。

⑨2000 年 12 月，Oracle 公司发布了 Oracle 9i。在 Oracle 9i 的诸多新特性中，最重要的就是 Real Application Clusters（RAC）了。RAC 使多个集群计算机能够共享对某个单一数据库的访问，以获得更高的可伸缩性、可用性和经济性。Oracle 9i 的 RAC 在 TPC－C 的基准测试中打破了数项记录，一时间在业内备受瞩目。

⑩2003 年，Oracle 公司发布了基于网格计算的 Oracle 10g。g 代表 grid（网格）。这一版的最大特性就是加入了网格计算的功能。网格计算可以把分布在世界各地的计算机连接在一起，并且将各地的计算机资源通过高速的互联网组成充分共享的资源集成。通过合理调度，不同的计算环境被综合利用并共享。

⑪2007 年 7 月 11 日，Oracle 公司发布了其最新数据库产品，即 Oracle Database 11g。这一版本是 Oracle 公司近年来最大、最完善的版本。2012 年，Oracle 首次举办全球的 Oracle Cloud World 活动，重点关注如何使用 Oracle 数据库和 Java 云服务。通过实现在数据库云和集成式系统（如 Oracle Exadata 和 Oracle 数据库机）上的整合，Oracle 数据库 11g 帮助客户降低 IT 成本和提高服务质量，实现快速、可靠、安全且轻松管理所有类型的数据库负载，其中包括企业管理软件、数据仓库和大数据分析。

⑫2013 年 6 月 26 日，Oracle 发布了的 Oracle 12c，其中 c 为 Cloud 缩写，代表云计算。

⑬2018 年 2 月，Oracle 在 Oracle Cloud 上一体机环境发布了 Oracle 18c。

2.2.3　Oracle 11g 产品概述

为了满足各种组织和个人对数据库性能、价格等的不同需求，Oracle 11g 提供了 4 个版本，每个版本适用于不同的开发和部署环境，包括标准版 1、标准版、企业版、个人版。

标准版 1（Oracle Database 11g Standard Edition One）为工作组、部门级和互联网/内联网应用程序提供了好的易用性和性能价格比。从针对小型商务的单服务器环境到大型的分布式部门环境，标准版 1 包含了构建关键商务的应用程序所必需的全部工具。该版本的缺点是，只能在最高容量为两个处理器的服务器上使用。

标准版（Oracle Database 11g Standard Edition）提供了良好的易用性、能力和性能，可以通过真正的应用集群为大型的计算机和服务集群提供支持。可以在最高容量为 4 个处理器的单台服务器上使用，也可以在一个最多 4 个处理器的集群上使用。

企业版（Oracle Database 11g Enterprise Edition）为关键任务的应用程序提供了高效、可靠、安全的数据管理。Oracle 数据库企业版为企业提供了满足当今关键任务应用程序的可用性和可伸缩性需求的工具和功能。它包含了 Oracle 数据库的所有组件，并且能够通过购买选项和程序包得到进一步增强。

个人版（Oracle Database 11g Personal Edition）支持需要与 Oracle Database 11g 标准版 1、Oracle Database 11g 标准版和 Oracle Database 11g 企业版完全兼容的单用户开发和部署。

2.3 任务 2—安装与卸载 Oracle 11g

2.3.1 Oracle 11g 的安装

首先，打开 Oracle 官网（www. oracle. com），在页面下方选择“Software Downloads”，进入下载页面（https://www. oracle. com/downloads/index. html），在此页面中找到“Database”，单击“oracle Database 11g Enterprise/Standard Editions”，进入数据库 11g 企业版下载页面（https://www. oracle. com/technetwork/database/enterprise -edition/downloads/index. html）。在此页面中，找到“Oracle Database 11g Release 2”，然后根据操作系统进行选择下载，本项目选择“Microsoft Windows（x64）”，单击后面的“See All”。在打开的页面中选择“Oracle Database 11g Release 2（11. 2. 0. 1. 0）for Microsoft Windows（x64）”下面的两个压缩文件，即“win64_11gR2_database_1of2. zip”和“win64_11gR2_database_2of2. zip”，分别下载。将两个下载的文件一起解压到同一目录下的同一文件夹内，路径名称中不要出现中文，也不要出现空格等不规则字符。然后开始安装，具体步骤如下：

（1）找到“setup. exe”，右击，选择“以管理员身份运行”，弹出“Oracle Universal Installer”对话框，如图 2－1 所示。Oracle Universal Installer（OUI）是基于 Java 技术的图形界面安装工具，利用它可以很方便地完成在不同操作系统平台上，不同类型、不同版本的 Oracle 软件安装任务。

图 2－1 “Oracle Universal Installer”对话框

（2）检查没有问题，进入“配置安全更新”对话框，如图 2－2 所示。本步用于接收有关配置安全问题的通知，可将自己的电子邮件地址填写进去，也可以不填写。取消选择“我希望通过 My Oracle Support 接收安全更新（W）”。

（3）单击“下一步”按钮，进入“选择安装选项”对话框，如图 2－3 所示。选择默认的“创建和配置数据库”。

（4）单击“下一步”按钮，进入“系统类”对话框，如图 2－4 所示。有两个选项，其中，桌面类针对在笔记本或桌面类系统中安装；服务器类针对在服务器类系统中安装。此处选择“服务器类”。

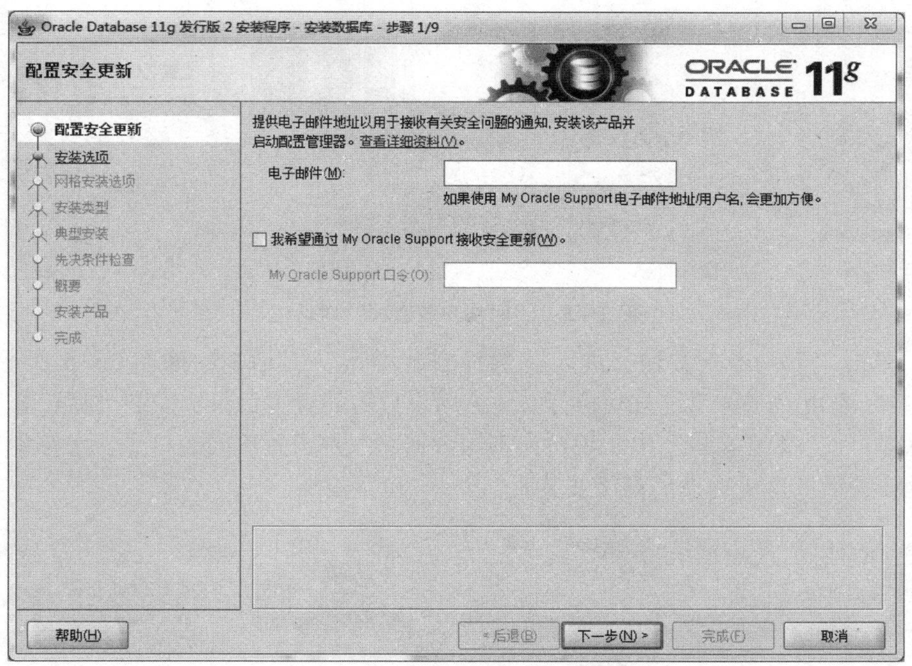

图 2－2　“配置安全更新”对话框

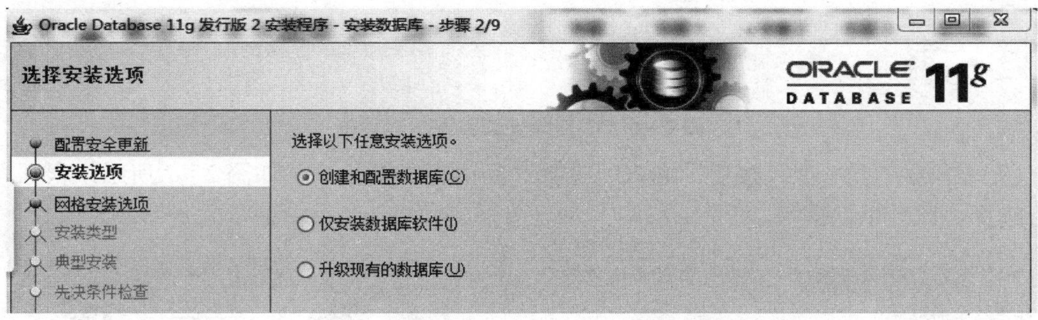

图 2－3　“选择安装选项”对话框

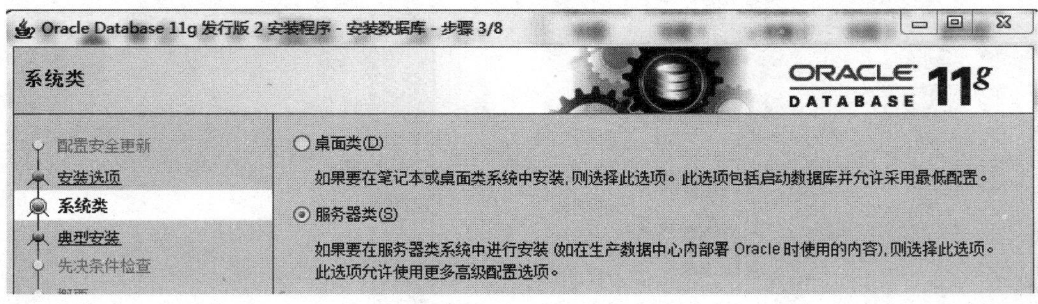

图 2－4　“系统类”对话框

(5) 单击“下一步”按钮, 进入“网格安装选项”对话框, 如图 2－5 所示。选择“单实例数据库安装”。

图 2－5　“网格安装选项”对话框

（6）单击“下一步”按钮，进入“选择安装类型”对话框，如图 2－6 所示。其中，“典型安装”是由 Oracle 系统自动执行安装，用户只需配置主目录、安装类型、全局数据库名等信息即可；“高级安装”中，用户为不同数据库账户设置不同的口令、字符集、备份策略等，比较灵活。这里选择“高级安装”。

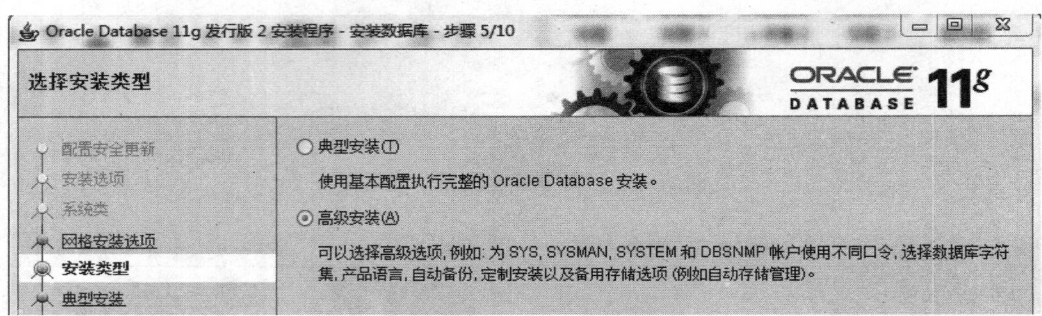

图 2－6　“选择安装类型”对话框

（7）单击“下一步”按钮，进入“选择产品语言”对话框，如图 2－7 所示。根据需要进行选择，此处默认即可。

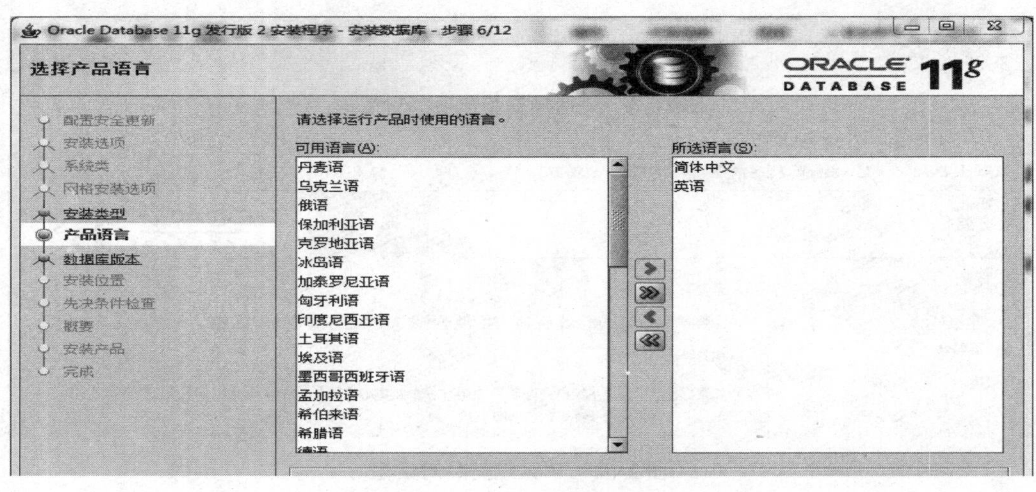

图 2－7　“选择产品语言”对话框

（8）单击“下一步”按钮，进入“选择数据库版本”对话框，如图 2－8 所示。此处选择“企业版”。

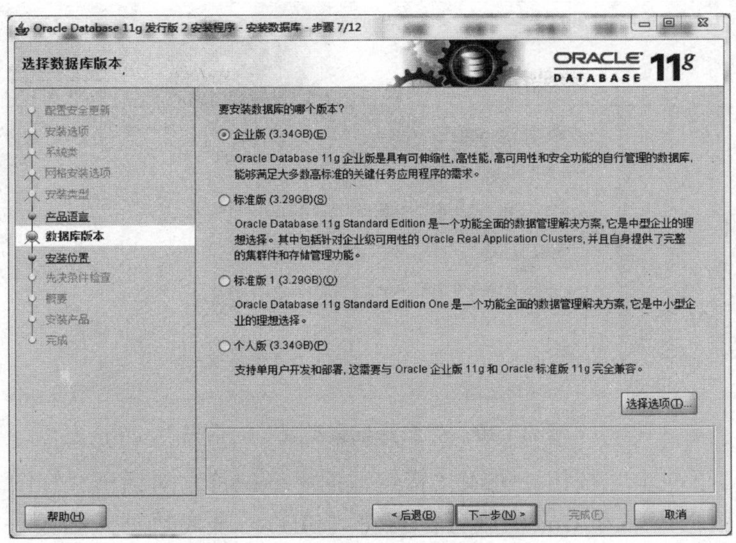

图 2－8　“选择数据库版本”对话框

（9）单击“下一步”按钮，进入“指定安装位置”对话框，如图 2－9 所示。此处设置 Oracle 基目录和软件位置，需要注意的是，目录路径不要含有中文或其他的特殊字符。

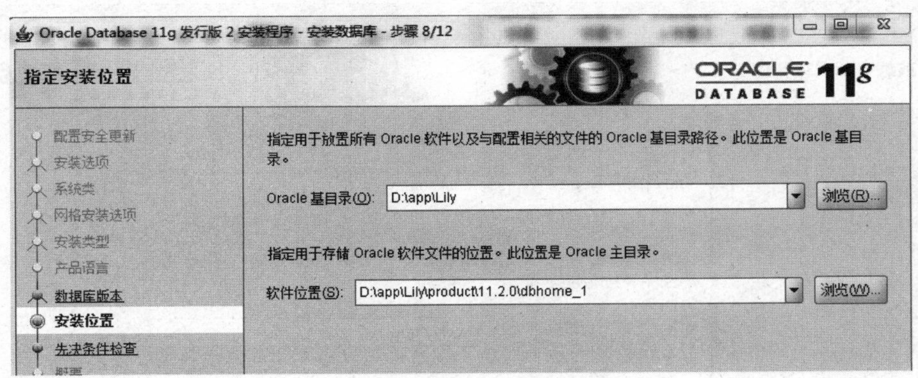

图 2－9　“指定安装位置”对话框

（10）单击“下一步”按钮，进入“选择配置类型”对话框，如图 2－10 所示。用户可以选择要创建数据库的类型，包括“一般用途/事务处理”和“数据仓库”。选择“一般用途/事务处理”。

①一般用途：使用通用设计的启动数据库，主要为一般用户设置，适用于各种用途的预配置数据库。

②事务处理：为执行大量事务处理的应用程序而优化的启动数据库，适合创建适用于大量并发用户运行简单事务处理的环境的预配置数据库。如果所创建的数据库主要用于日常事务处理，如银行事务系统或 Internet 电子商务，就选择该选项。

③数据仓库：可以创建适用于就特定主题运行复杂查询的环境的预配置数据库。通常用于存储大量的历史数据，为数据分析工具提供支持。

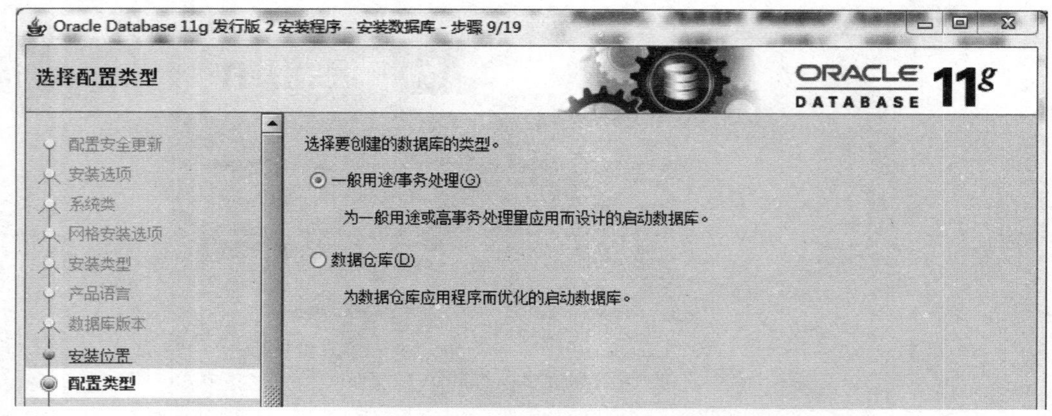

图 2－10　“选择配置类型”对话框

（11）单击“下一步”按钮，进入“指定数据库标识符”对话框，如图 2－11 所示。用户可以指定全局数据库名和 Oracle 服务标识符（SID）。全局数据库名是外部区分的名称，SID 是内部区分的名称。SID 定义了 Oracle 数据库实例的名称，对于单个实例数据库（仅由一个系统访问的数据库），其 SID 通常与数据库名相同。默认的全局数据库名和 SID 都是 orcl。此处，创建图书借阅网站系统数据库时设置的全局数据库名和 SID 都是 bookborrow。

图 2－11　“指定数据库标识符”对话框

①全局数据库名：主要用于分布式数据库系统中区分不同的数据库。由数据库名和域名组成，格式为“数据库. 域名”。例如，图书借阅系统沈阳数据库可以命名为 bookborrow. shenyang. com，抚顺的数据库可以命名为 bookborrow. fushun. com。即使数据库名都相同，但域名不同，也能区分开。数据库名只能包含字母、数字、下划线、英镑符和美元符，且必须以字母开头。

②SID：系统标识符，是 System Identifier 的英文简写，主要用于区分同一台计算机上的同一个数据库的不同实例，支持网络服务。对于单实例数据库（仅由一个系统访问的数据库），其 SID 通常与数据库名相同。

（12）单击“下一步”按钮，进入“指定配置选项”对话框，如图 2－12 所示。内存、字符集及安全性默认，示例方案选择“创建具有实例方案的数据库”。

①内存：设置内存的管理方式，可以启动自动内存管理。

②字符集：数据库字符集决定了字符数据在数据库中的存储方式，默认为操作系统语言字符集。

③安全性：安全设置包括启用数据库审计和使用新的默认口令概要文件。

④示例方案：创建带样本方案或不带样本方案的数据库。如果选择“具有示例方案的数据库”，OUI 会在数据库中创建 HR、OE 等示例方案。

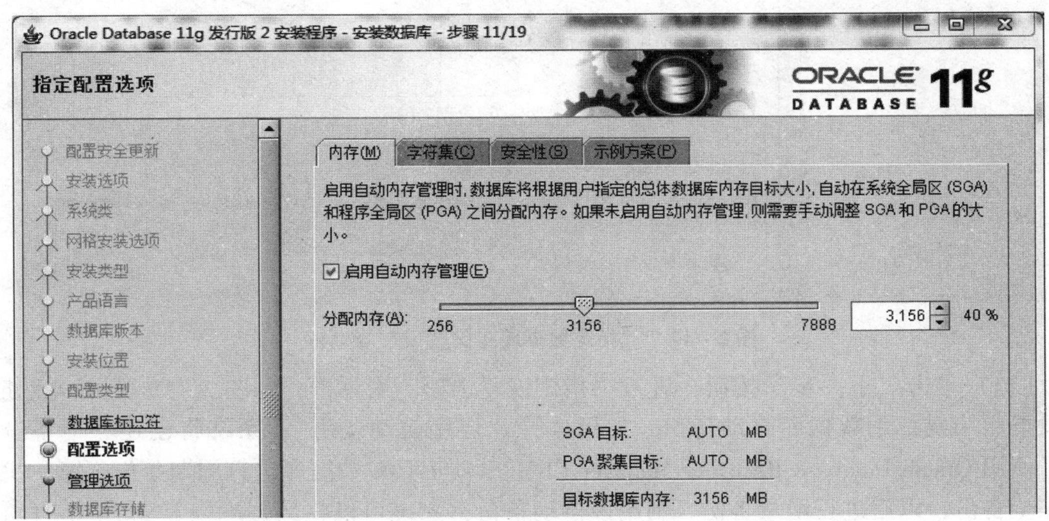

图 2－12　“指定配置选项”对话框

（13）单击“下一步”按钮，进入“指定管理选项”对话框，如图 2－13 所示。每个 Oracle 11g 数据库服务器都可以使用 Grid Control 进行集中管理，也可以使用 Database Control 进行本地管理。如果选择 Grid Control，则需要指定用于集中管理数据库的 Oracle 管理服务。默认选择“使用 Database Control 管理数据库”。

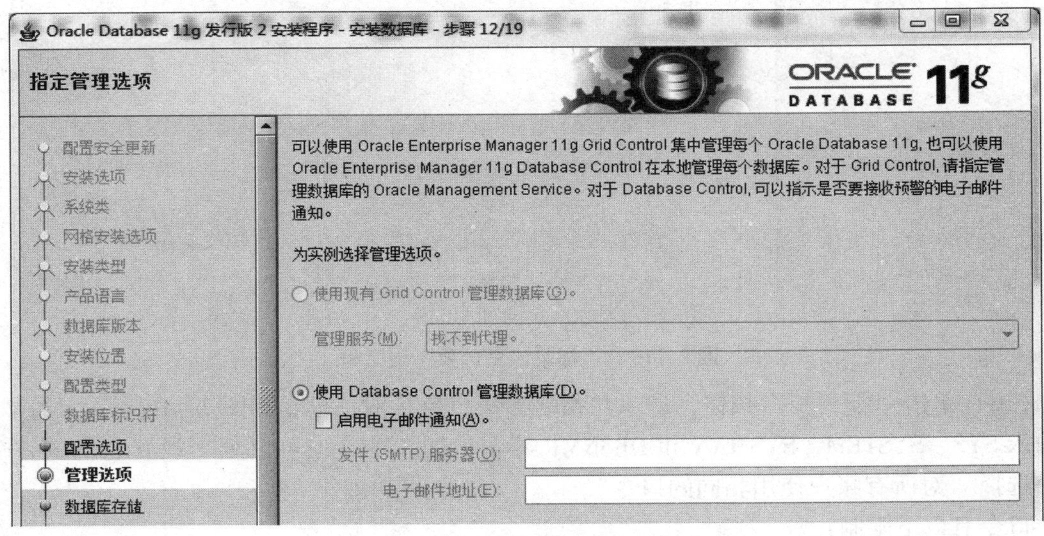

图 2－13　“指定管理选项”对话框

（14）单击“下一步”按钮，进入“指定数据库存储选项”对话框，如图 2－14 所示。选择文件系统，并指定数据库文件的位置。

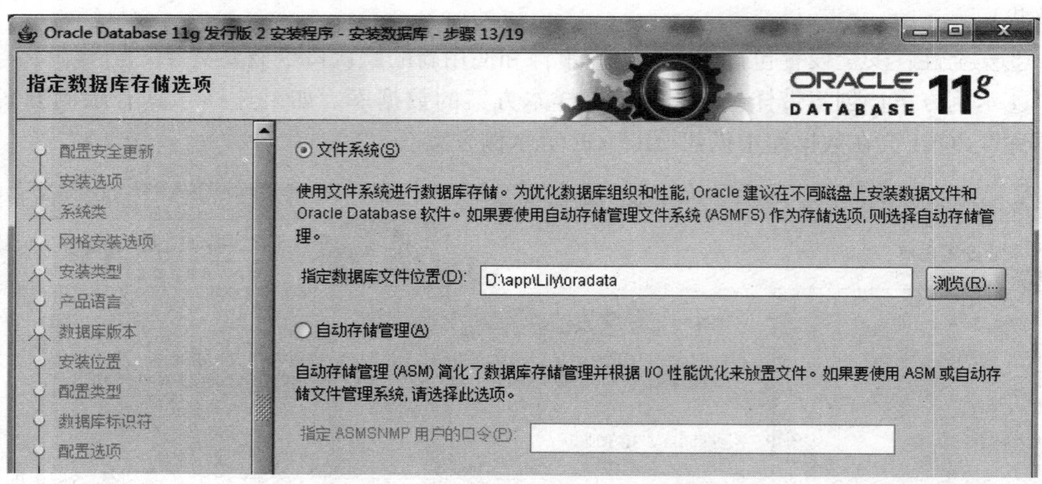

图 2－14　“指定数据库存储选项”对话框

（15）单击“下一步”按钮，进入“指定恢复选项”对话框，如图 2－15 所示。此处可以设置启用或禁用数据库自动备份。如果选择“启用自动备份”，系统将创建一个备份作业，使用 Oracle Database Recovery Manager（RMAN）工具对数据库进行周期备份。第一次进行完全备份，以后进行增量备份。利用该自动备份，系统可以将数据库恢复到 24 小时内的任何状态。同时，需要指定存放备份信息的恢复区的位置。默认选择“不启用自动备份”。

图 2－15　“指定恢复选项”对话框

（16）单击“下一步”按钮，进入“指定方案口令”对话框，如图 2－16 所示。可以分别输入 SYS、SYSTEM、SYSMAN 和 DBSNMP 等账户的口令，也可以统一设置它们的口令。此处选择“对所有账户使用相同的口令”。

口令有以下限制：

①长度必须介于 4～30 个字符之间。

②必须来自数据库字符集，可以包含下划线、美元符（$）及井号（#）。

③不得以数字开头。

④不得与用户名相同。

⑤不得使用 Oracle 的保留字。

⑥SYS 账户口令不得为 change_on_install，SYSTEM 账户口令不得为 manager，SYSMAN 账户口令不得为 sysman，DBSNMP 账户口令不得为 dbsnmp。

⑦如果选择“对所有账户使用相同的口令”，则该口令不得为 change_on_install、manager、sysman 和 dbsnmp。

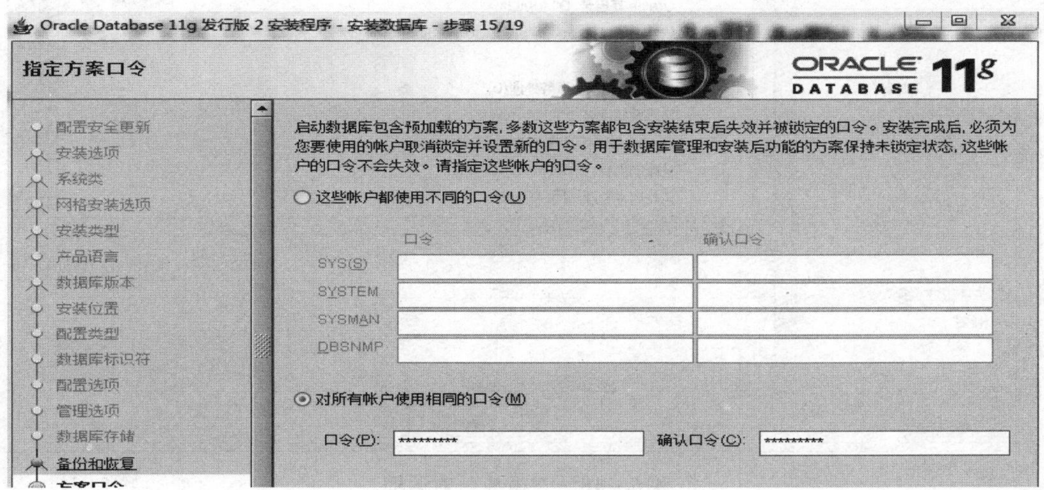

图 2-16　“指定方案口令”对话框

（17）单击“下一步”按钮，进入“执行先决条件检查”对话框，如图 2-17 所示。选择“全部忽略”复选框。

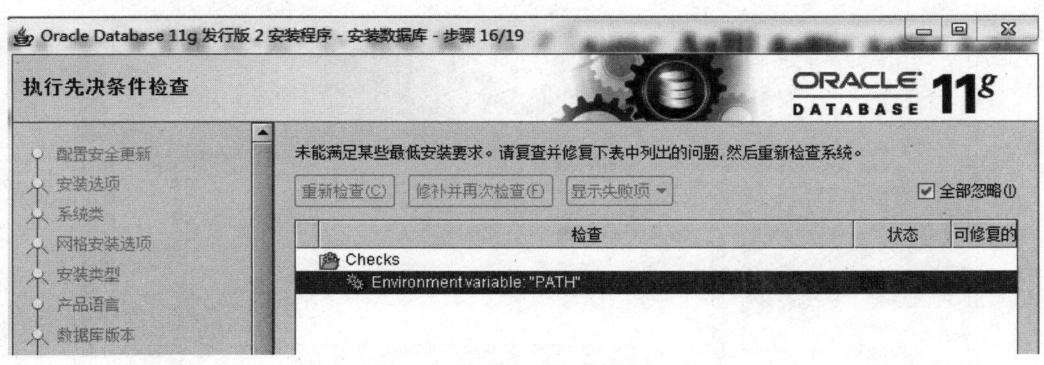

图 2-17　“执行先决条件检查”对话框

（18）单击“下一步”按钮，进入“概要”对话框，如图 2-18 所示。显示在安装过程中选定的选项的概要信息，用户可以在这里确认前面的选择。

（19）确认完成后，单击“安装”按钮，打开“安装产品”对话框，开始安装，如图 2-19 所示。此过程将持续较长时间。

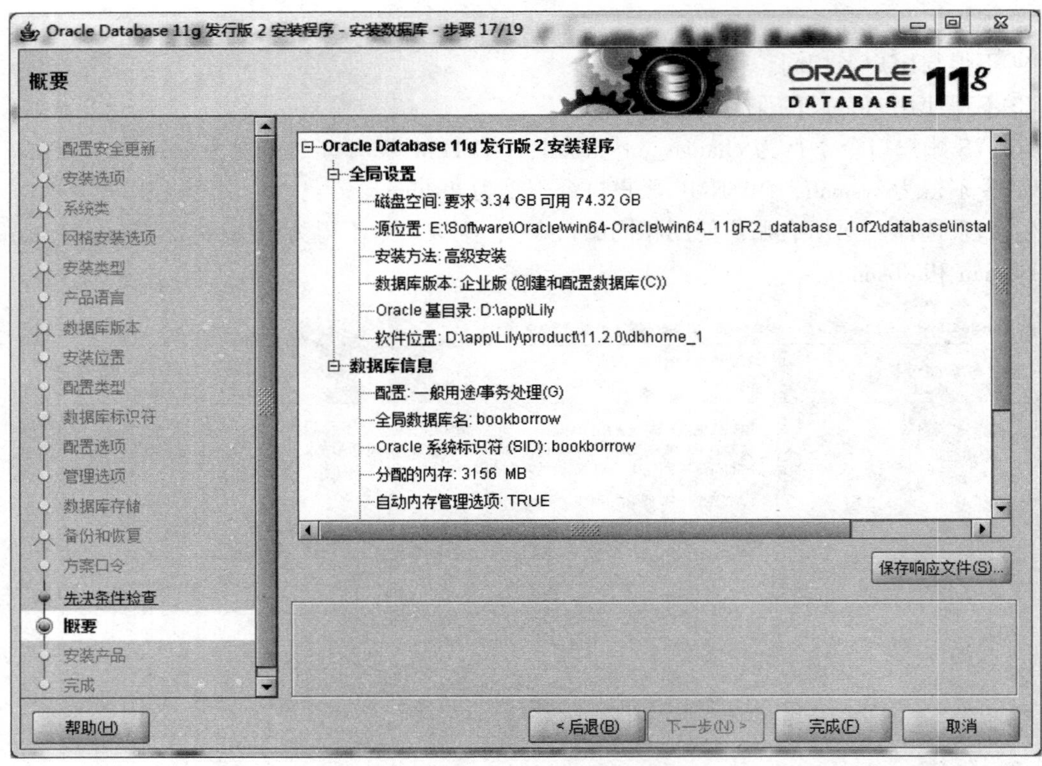

图 2-18 “概要”对话框

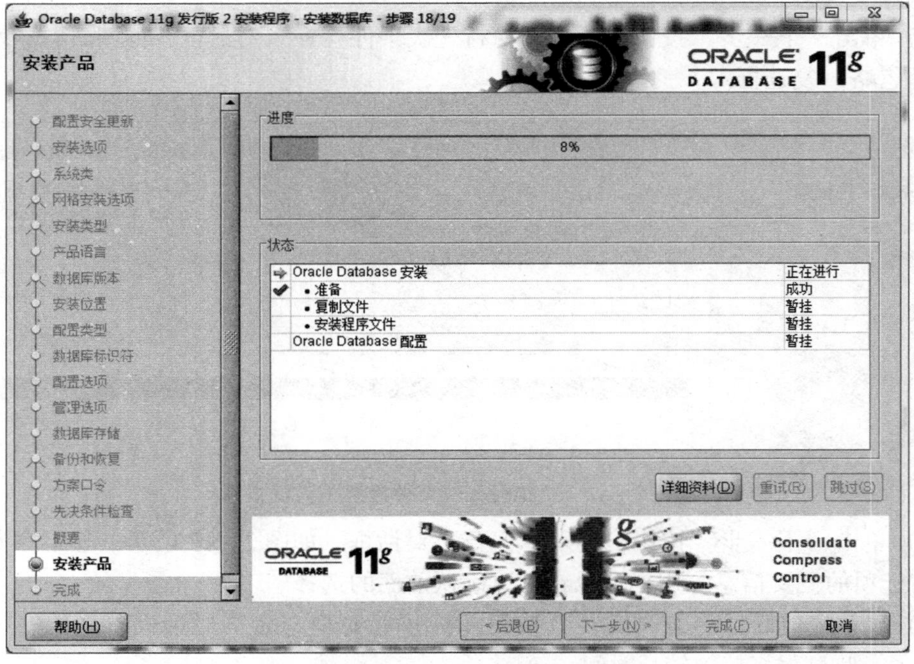

图 2-19 “安装产品”对话框

（20）安装完成后，将打开“完成”对话框，如图2－20所示。单击“退出”按钮，结束安装过程。

图2－20 “完成”对话框

安装结束后，可以在“开始”→“所有程序”中找到Oracle的目录，即Oracle－OraDb11g_home1。

2.3.2 Oracle 11g的卸载

卸载Oracle 11g数据库时，需要完全卸载，而不是一般的应用软件卸载那么简单，否则，会在系统中留有安装Oracle数据库的痕迹，从而占用系统资源或影响系统的运行。

完全卸载Oracle 11g数据库的方法如下：

（1）在“服务”窗口中停止所有Oracle相关的服务。

（2）卸载Oracle 11g数据库服务器组件。在“开始”菜单中依次选择“程序”→“Oracle－OraDb11g_home1”→“Oracle安装产品”→“Universal Installer”，打开“Oracle Universal Installer（OUI）”窗口，单击“卸载产品”按钮，打开“产品清单”窗口，选择要删除的Oracle产品，单击“删除”按钮，打开“确认删除”对话框，单击“是”按钮。

（3）手工删除注册表中的Oracle相关内容。

运行“开始”→“运行”，输入“regedit”命令，单击“确定”按钮，打开注册表窗口。

①删除HKEY_LOCAL_MACHINE/SOFTWARE/Oracle目录。

②删除HKEY_LOCAL_MACHINE/SYSTEM/CurrentControlSet/Services中所有以Oracle或OraWeb开头的键。

③删除HKEY_LOCAL_MACHINE/SYSETM/CurrentControlSet/Services/Eventlog/application中所有以Oracle开头的键。

④删除HKEY_CLASSES_ROOT目录下所有以Ora、Oracle、Orcl或EnumOra为前缀的键。

⑤删除HKEY_CURRENT_USER/SOFTWARE/Microsoft/windows/CurrentVersion/Explorer/MenuOrder/Start Menu/Programs中所有以Oracle开头的键。

⑥删除HKDY_LOCAL_MACHINE/SOFTWARE/ODBC/ODBCINST. INI中除Microsoft ODBC for Oracle注册表键以外的所有含有Oracle的键。

其中有些注册表项可能已经在卸载Oracle产品时被删除。

（4）删除环境变量中的PATH和CLASSPATH中包含Oracle的值。

（5）删除“开始”→“程序”中所有 Oracle 的组和图标。

（6）删除所有与 Oracle 相关的目录，包括：

①C：\Program file\Oracle 目录。

②Oracle_BASE 目录。

2.4 任务 3—认识 Oracle 11g 的服务、目录及工具

2.4.1 Oracle 服务

安装完 Oracle 11g 后，系统会创建一组 Oracle 服务，这些服务可以确保 Oracle 的正常运行。在“控制面板”中选择“管理工具”→“服务”，打开“服务”窗口，可以看到一组以 Oracle 开头的服务，主要服务如下（服务名称后的 xxx（小写）和 XXX（大写）是安装时的数据库名）：

（1）OracleServiceXXX。数据库服务，这个服务会启动和停止数据库。只有启动该服务，Oracle 数据库才能正常启动。该服务必须启动。

（2）OracleOraDb11g_home1TNSListener。监听器服务，服务只有在数据库需要远程访问时才需要。无论是远程计算机还是本地计算机，凡是通过 Oracle Net 网络协议连接数据库，都属于远程访问。因此，本服务也必须启动。

（3）OracleDBConsolexxx。Oracle 数据库控制台服务，即企业管理器（OEM）。OEM 是 Oracle 提供的一个基于 Web 的图形化数据库管理工具。通过 OEM，用户可以完成数据库对象、用户权限、数据库文件等的管理。要运行 OEM，必须启动该服务。

（4）OracleJobSchedulerXXX。Oracle 作业调度服务。

（5）OracleOraDb11g_home1ConfigurationManager：配置 Oracle 启动时的参数的服务。

（6）OracleOraDb11g_home1ClrAgent：提供对. NET 支持的 Oracle 数据库扩展服务。

（7）OracleVssWriterXXX：是 Oracle 对 VSS 提供支持的服务。

（8）OracleMTSRecoveryService：是允许数据库充当一个微软事务服务器、COM/COM + 对象和分布式环境下的事务资源管理器的服务。

服务有 3 种启动类型，分别为“自动”“手动”和“禁用”。右击任意服务，选择属性，会弹出对应的属性对话框，如图 2 – 21 所示。可设置启动类型，如果启动类型为“自动”，则操作系统启动时，该服务也启动。由于 Oracle 服务占用较多的内存资源，导致操作系统启动变慢，因此，对于不经常使用的服务，可以设置为“手动”启动。想启用启动类型为“手动”的服务，可以右击服务名称，在弹出的快捷菜单中选择“启动”命令。

2.4.2 Oracle 目录

Oracle 11g 安装完成后，会在安装时指定的 Oracle 目录下形成如图 2 – 22 所示的目录结构。每个目录的作用如下：

图 2－21　Oracle 服务属性对话框

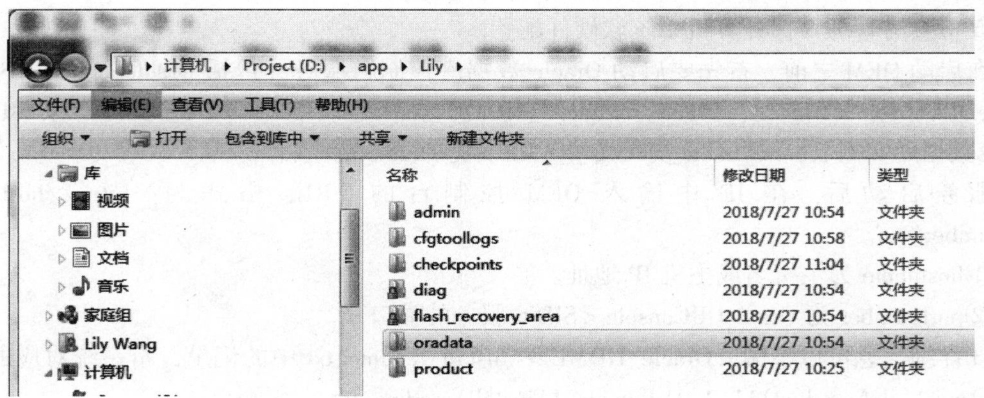

图 2－22　Oracle 目录结构

- admin——以数据库为单位，主要存放数据库运行过程中产生的跟踪文件，包括后台进程的跟踪文件、用户 SQL 语句跟踪文件等。
- cfgtoollogs——存放运行 dbca、emca 和 netca 图像化程序时产生的日志信息。
- checkpoints——存放数据库检查点相关信息。
- diag——以组件为单位，集中存储数据库中各个组件运行的诊断信息。
- flash_recovery_area——以数据库为单位，当数据库启动自动备份功能时，存放自动备份的文件、数据库的闪回日志文件。
- oradata——以数据库为单位，存放数据库的物理文件，包括数据文件、控制文件和重做日志文件。其中＊.dbf 文件对应数据库中每个表空间；.ctl 文件为控制文件；.log 文件对应重做日志文件组及其成员。
- product——存放 Oracle 11g 数据库管理系统相关的软件，包括可执行文件、网络配置文件、脚本文件等。

需要注意的是，若在主机上第一次安装且只安装了 Oracle 数据库，没有其他 Oracle 产品，则使用默认的主目录\dbhome_1；如果在同一台主机的同一个根目录下安装多个产品或安装了第 2 次，则 Oracle_Home 主目录会以 dbhome_n 的形式出现，即 dbhome_2、dbhome_3 等。

2.4.3 Oracle 企业管理器 OEM

Oracle 11g 企业管理器（Oracle Enterprise Manager，OEM）是一个基于 Java 框架开发的集成化管理工具，采用 Web 应用方式实现对 Oracle 运行环境的完全管理，包括对数据库、监听器、主机、应用服务器、HTTP 服务器、Web 应用等的管理。

数据库管理员能够从任何可以访问 Web 应用的位置通过 OEM 对数据库和其他服务进行各种管理和监控操作。使用 OEM 可以实现以下功能：

①对 Oracle 运行环境的完全管理，包括 Oracle 数据库、Oracle 应用服务器、HTTP 服务器等的管理；

②对单个 Oracle 数据库的本地管理，包括系统监控、性能诊断与优化、系统维护、对象管理、存储管理、安全管理、作业管理、数据备份与恢复、数据移植等；

③对多个 Oracle 数据库的集中管理；

④对 Oracle 应用服务器的管理；

⑤检查与管理目标计算机系统软硬件配置。

在启动 OEM 之前，首先要启动 Oracle 数据库控制台服务，包括 OracleService <SID>、OracleDBConsole <SID>、Oracle <Oracle_HOME_NAME> TNSListener。其中，<SID> 为 Oracle数据库实例名，<Oracle_HOME_NAME>为 Oracle 的主目录。

服务启动后，在 IE 中输入 OEM 控制台的 URL，格式为：http://hostname.portnumber/em。

①hostname 为主机名或主机 IP 地址。

②portnumber 为 OracleDBConsole <SID>服务的端口号。

③详细信息可以参阅<Oracle_HOME>\install\readme.txt 中的记录，本系统对应的路径为 D:\app\Lily\product\11.2.0\dbhome_1\install\readme.txt。

默认情况下，EM 的网址为：http://localhost:1158/em。1158 为 EM 的端口号。

在登录界面，输入用户名 SYS，然后输入对应的口令，在“选择身份”组合框中选择“SYSDBA”，单击“登录”按钮。如果是第一次使用 OEM，会出现“Oracle Manager 11g 许可授予信息”界面，单击“我同意”按钮，进入 OEM 主目录界面，如图 2-23 所示。

在 OEM 中，可以通过 4 个页面对 Oracle 数据库进行监测和管理，分别是主目录、性能、管理和维护。

1. 主目录页面

其中包含如下信息。

①一般信息：包括数据库实例的状态、开始运行时间、实例名、版本、主机和监听程序等。

②主机 CPU：可以通过图形方式查看 Oracle 数据库服务器的 CPU 情况，包括总的 CPU 利用率和当前 Oracle 实例的 CPU 利用率。

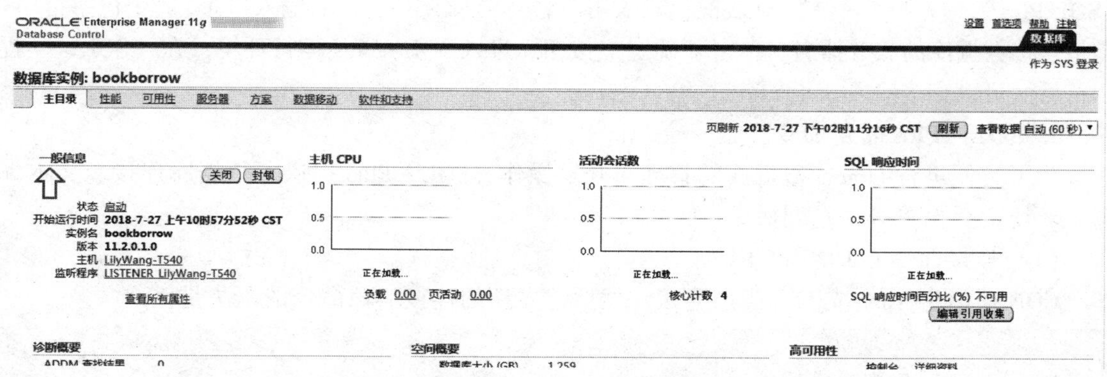

图 2-23　Oracle Enterprise Manager 11g 的主界面

③活动会话数：显示当前所有的活动会话及其状态信息。

④SQL 响应时间：执行一组有代表性的 SQL 语句所需要的平均时间。

⑤诊断概要：可以查看数据库运行的概要信息，扫描预警日志，显示 ORA 错误信息。

⑥空间概要：可以查看数据库空间的概要信息，包括数据库大小、有问题的表空间等。

⑦高可用性：显示与可用性相关的信息，包括实例恢复时间、上次备份时间、可用快速恢复区百分比和闪回事件记录等。

2. 性能页面

在性能页面中，可以通过图形方式查看主机的 CPU 利用率、平均活动会话数、实例的磁盘 I/O 和实例吞吐量等数据，为管理员提供数据库资源使用的情况。

3. 管理页面

管理页面实现数据库管理、方案管理和 Enterprise Manager 管理等功能。

4. 维护页面

该页面可以对 Oracle 数据库进行备份和恢复、设置备份和恢复的参数、导入/导出数据、移动数据库文件及进行软件部署等。

2.4.4　SQL * Plus

1. SQL * Plus 工具简介

SQL * Plus 工具是随 Oracle 数据库服务器或客户端的安装而自动进行安装的管理与开发工具。Oracle 数据库中所有的管理操作都可以通过 SQL * Plus 工具完成。同时，开发人员利用 SQL * Plus 可以测试、运行 SQL * Plus 命令、SQL 语句和 PL/SQL 程序。

SQL * Plus 可以实现以下功能：

①输入、编辑、存储、提取、运行和调试 SQL 语句与 PL/SQL 程序；

②开发、执行批处理脚本；

③执行数据库管理；

④处理数据，生成报表，存储、打印、格式化查询结果；

⑤检查表和数据库对象定义。

2. 启动 SQL * Plus

依次单击“开始”→“程序”→“Oracle - OraDb11g_home1”→“应用程序开发”→

“SQL Plus”，打开“登录”对话框，输入用户名“SYSTEM”，然后输入口令，“主机字符串”是指连接数据库的服务器名。单击“确定”按钮，进入 SQL * Plus 运行环境，在“SQL >”提示符后面可以直接输入 SQL 语句。

3. SQL * Plus 常用命令

为了方便进行 Oracle 数据库的管理与开发操作，SQL * Plus 提供了数据库连接、文本编辑、环境变量设置等一系列命令。

（1）连接命令 CONN[ECT]。

CONN[ECT]命令先断开当前连接，然后建立新的连接。该命令的语法是：

```
CONN[ECT] [Name]/[password][@connect_identifier]
```

例如：

```
SQL >CONNECT system/Oracle11g @BOOKBORROW
```

如果要以特权用户的身份连接，必须要带 AS SYSDBA 或 AS SYSOPER 选项，如：

```
SQL >CONNECT sys/Oracle11g @BOOKBORROW AS SYSDBA
```

（2）断开连接命令 DISCONNECT。

该命令的作用是断开与数据库的连接，但不退出 SQL Plus 环境，如：

```
SQL >DISCONNECT
```

（3）设置环境变量。

SQL * Plus 中有一组环境变量，通过设置环境变量的值可以控制 SQL * Plus 的运行环境，例如设置行宽、每页显示的行数、自动提交方式、自动跟踪等。可以使用 SHOW 命令显示环境变量值，用 SET 命令设置或修改环境变量值。

①PAUSE：当执行结果超过一页时，输出会暂停，直到用户按下 Enter 键，显示下一页。默认是 OFF。例如：set pause on。

②PAGESIZE：设置一页显示的数据行数，默认为 14。例如：set pagesize 20。

③LINESIZE：设置一行可以容纳的字符数量，默认为 80。例如：set linesize 160。

2.4.5 PL/SQL Developer

PL/SQL Developer 是一个集成开发环境，是一个可视化的图形工具，专门面向 Oracle 数据库存储程序单元的开发，相对于 SQL * Plus 命令行工具而言比较方便。如今，有越来越多的商业逻辑和应用逻辑转向了 Oracle Server，因此，PL/SQL 编程也成了整个开发过程的一个重要组成部分。PL/SQL Developer 侧重于易用性、代码品质和生产力，充分发挥 Oracle 应用程序开发过程中的主要优势。

PL/SQL Developer 不是 Oracle 自带的工具，需要单独下载安装。安装过程如下：

（1）单击下载的安装文件 plsqldev1201x64. msi，弹出如图 2 - 24 所示的欢迎安装对话框。

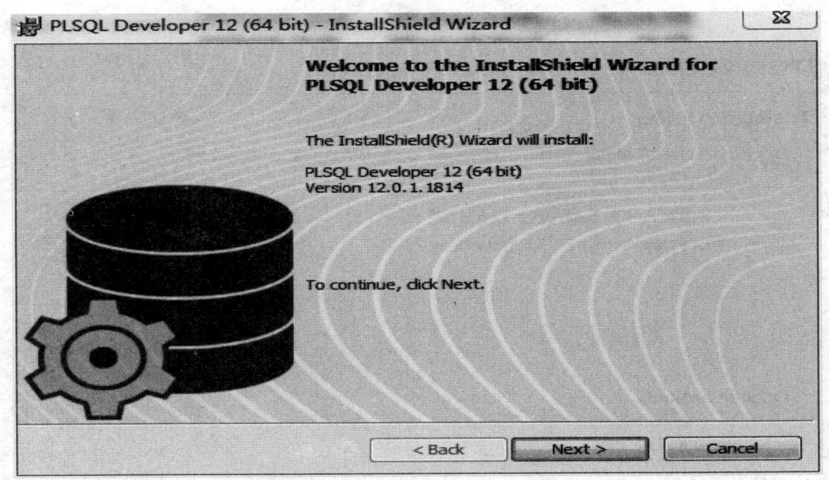

图 2-24　欢迎安装对话框

（2）单击“Next”按钮，打开许可协议对话框，如图 2-25 所示。选择“I accept the terms in the license agreement”。

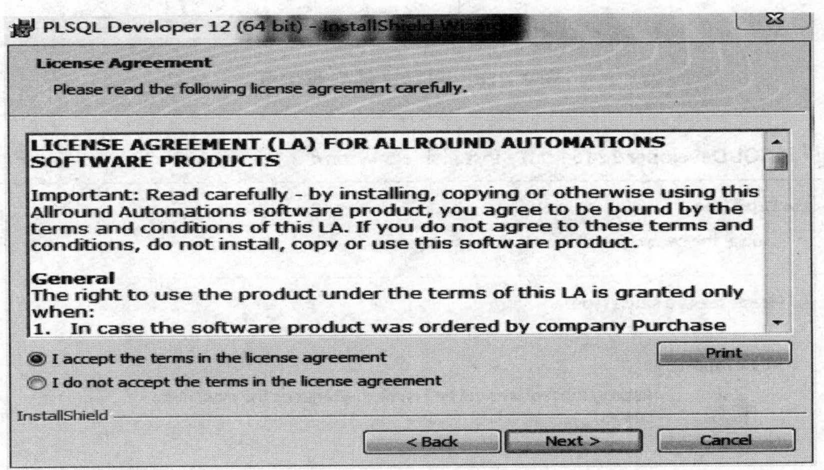

图 2-25　许可协议对话框

（3）单击“Next”按钮，打开目标文件夹对话框，如图 2-26 所示。可以设置安装路径。

（4）单击“Next”按钮，打开安装类型对话框，如图 2-27 所示。选择“Complete”完全安装。

（5）单击“Next”按钮，打开准备安装程序对话框，如图 2-28 所示。单击“Install”按钮开始安装。

（6）安装过程及结果如图 2-29 所示。单击“Finish”按钮结束安装。

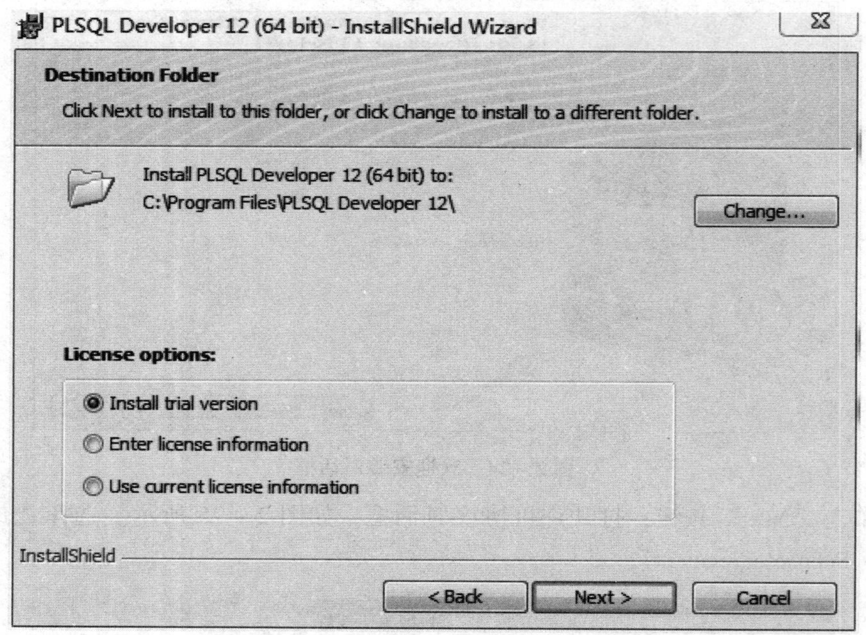

图 2－26　目标文件夹对话框

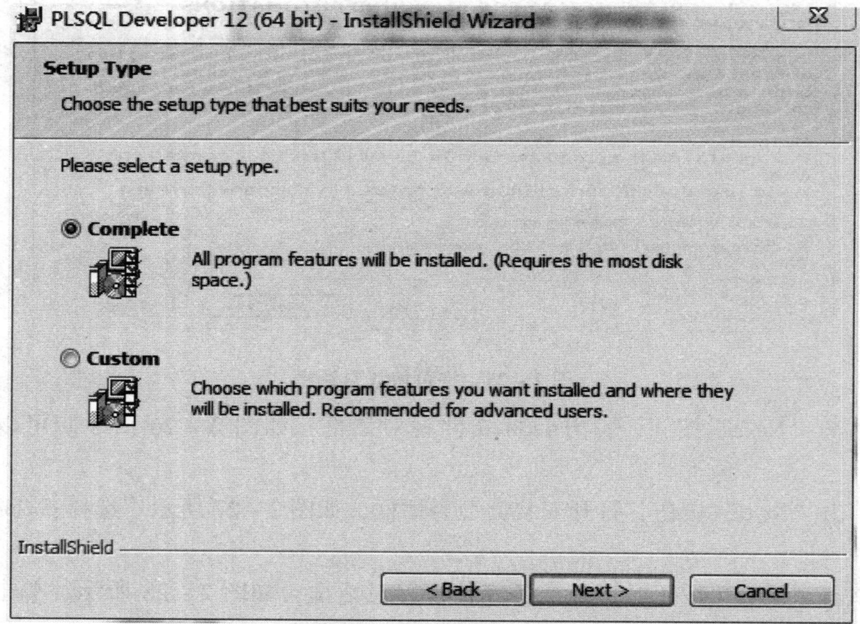

图 2－27　安装类型对话框

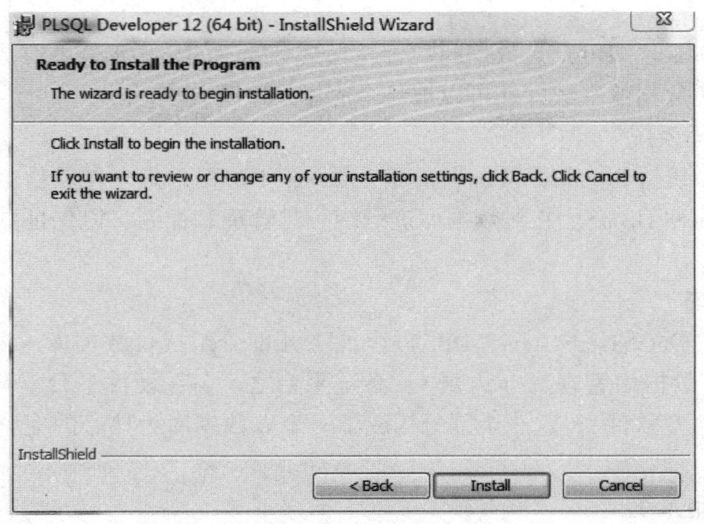

图 2－28　准备安装程序对话框

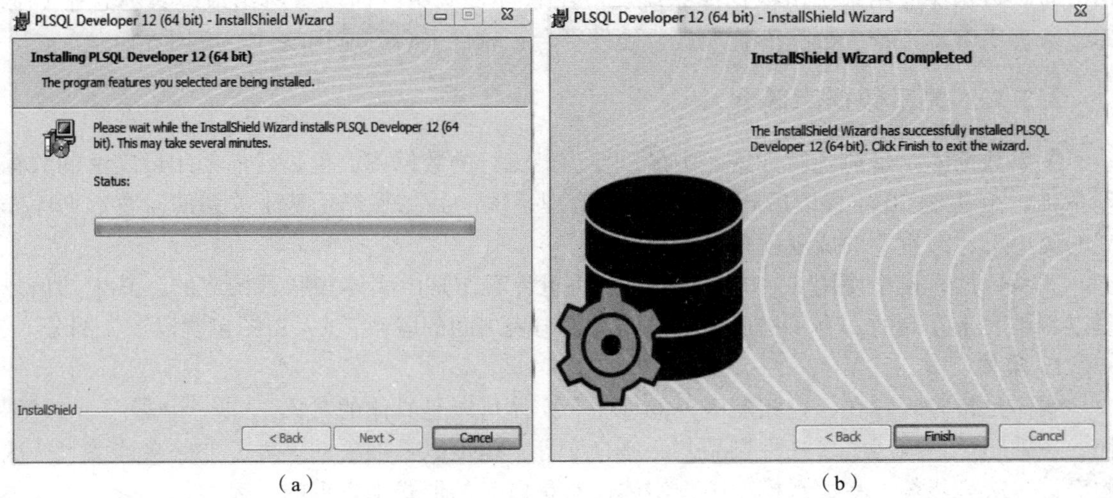

（a）　　　　　　　　　　（b）

图 2－29　过程安装（a）及安装完成（b）对话框

2.5　任务 4—学习数据库基础知识

2.5.1　数据库基本概念

1. 数据

数据（data）是对事物的符号表示，是用于表示事物的未经加工的原始素材，如图形符号、数字、字母等。在计算机世界中是指所有能输入计算机并被计算机程序处理的符号集合的总称。如，在 bookstore 中录入图书信息时，肯定会记录它的特征信息：书名、页数、作者、ISBN、字数等。软件中的数据是有一定的结构的，包括数据类型（Type）和对应的值（Value）两部分。

2. 数据库

数据库（Database，DB）是数据的集合，它具有统一的结构形式并存放于统一的存储介质内，是多种应用数据的集成，并可以被各个应用程序所共享。

3. 数据库管理系统

数据库管理系统（Database Management System，DBMS）是一种软件，用于建立、使用和维护数据库，简称 DBMS。它对数据库进行统一的管理和控制，以保证数据库的安全性和完整性。

4. 数据库系统

数据库系统（Database System，DBS）由如下几部分组成：数据库（数据）、数据库管理系统（软件）、数据库管理员（人员）、系统平台之一——硬件平台（硬件）、系统平台之二——软件平台（软件）。这 5 个部分构成了一个以数据库为核心的完整的运行实体，称为数据库系统。

5. 数据库应用系统

利用数据库系统进行应用开发可构成一个数据库应用系统（Database Application System，DBAS）。数据库应用系统由数据库系统、应用软件及应用界面三者所组成，具体包括数据库、数据库管理系统、数据库管理员、硬件平台、软件平台、应用软件、应用界面。

2.5.2 关系数据库简介

关系数据库是目前各类数据库中最重要、最流行的数据库，也是目前使用最广泛的数据库系统。20 世纪 70 年代以后开发的数据库管理系统产品几乎都是基于关系的。在数据库发展的历史上，最重要的成就就是关系模型。

关系数据库模型使用 E－R 图来描述，将世界看作是由实体和联系构成的，其中的信息是以二维表来存储的。为了描述表的结构及表与表之间的联系，E－R 图包含以下 3 部分。

1. 实体

实体是指客观存在、可相互区分的事物。实体可以是具体的对象，如一个学生、一门课程、一艘船、一幢房子、一件产品、一座仓库等；也可以是抽象的事件，如一次选课、一次购房、一次订货等。在关系模型中，实体通常是以表的形式来表现的。表的每一行描述实体的一个实例，表的每一列描述实体的一个特征或属性。

2. 属性

实体集中的所有实体都具有一组相同的特性，如学生实体集中的每个实体都有学号、姓名、年龄、性别、系、籍贯等特性。实体所具有的某一特性称为属性。

3. 实体间的联系

实体间的联系就是实体集与实体集之间的联系，这种联系共有以下 3 种。

（1）一对一联系：如果对于实体集 E1 中的每个实体，在实体集 E2 中至多只有一个实体与之对应，反之亦然，则称实体集 E1 与 E2 之间的联系是一对一联系，记为“1∶1”。例如，影剧院中观众和座位之间就具有一对一的联系，因为在一个座位上最多坐一个观众，而一个观众也只能坐在一个座位上。

（2）一对多联系。如果对于实体集 E1 中的每个实体，在实体集 E2 中有任意个（零个或多个）实体与之相对应，而对于 E2 中的每个实体，却至多和 E1 中的一个实体相对应，则称实体集 E1 与 E2 之间的联系是一对多联系，记为“1∶n”。例如，学校的专业与学生之间、公司的部门与其职工之间、球队与球员之间，都具有一对多的联系。

（3）多对多联系。如果对于实体集 E1 中的每个实体，在实体集 E2 中有任意个（零个或多个）实体与之相对应，反之亦然，则称实体集 E1 与 E2 之间的联系是多对多联系，记为“m∶n”。例如，学校的学生与课程之间就具有多对多的联系，因为一个学生可以选修多门课，一门课也可以被多个学生选修。公司的产品与其客户之间也具有多对多联系，因为一个产品可以被多个客户订购，一个客户也可以订购多个产品。

在数据库管理系统中，需要维护数据库中数据与现实世界的一致性，对关系数据库的插入、删除和修改操作，必须有一定的约束条件，可以通过数据完整性来实现。具体是指数据的正确性和可靠性。关系数据库具有 3 类完整性，包括实体完整性、域完整性和参照完整性。

1. 实体完整性

实体完整性要求表中所有的行具有唯一的标识符，即 primary key、unique、identity。是否可以改变主键值或删除一整行，取决于主键和其他表之间要求的完整性级别。在学生表中，学号定义为主键，则在学生表中不能同时出现2个学号相同的学生，也就是通过学号这个主键实现了学生表的实体完整性。

2. 域完整性

域完整性指定一组对列有效的数据值，并确定是否允许有空值。通常使用有效性检查强制域完整性，也可以通过限定列中允许的数据类型、格式或可能值的范围来强制数据完整性。例如，学生的年龄定义为两位整数，范围还太大，可以写如下规则，把年龄限制在15～30 岁之间：check(age between 15 and 30)。

3. 参照完整性

参照完整性也称为引用完整性，该完整性确保始终保持主键（在被引用表中）和外键（在引用表中）的关系。如果有外键引用了某行，那么不能删除被引用表中的该行，也不能改变主键，除非允许级联操作。可以在同一个表中或两个独立的表之间定义参照完整性。

2.5.3 结构化查询语言（SQL）简介

结构化查询语言（Structured Query Language，SQL）是一种数据库查询和程序设计语言，用于存取数据及查询、更新和管理关系数据库系统；同时，也是数据库脚本文件的扩展名。它不要求用户指定对数据的存放方法，也不需要用户了解具体的数据存放方式，所以具有完全不同底层结构的不同数据库系统可以使用相同的结构化查询语言作为数据输入与管理的接口。SQL 是设计用于访问关系数据库的标准语言。

SQL 语句主要分为 4 类，它们是：

（1）数据定义语言（Data Definition Language，DDL）：该语言负责数据的模式定义与数据的物理存取构建。其语句包括动词 CREATE、ALTER 和 DROP，分别用于对数据库中的对象进行创建、修改和删除操作。

（2）数据操作语言（Data Manipulation Language，DML）：该语言负责数据操纵。其语句包括 INSERT、SELECT、UPDATE 和 DELETE，它们分别用于添加、查询、修改和删除表中的行。

（3）数据控制语言（Data Control Language，DCL）：该语言负责权限管理。其语句包括GRANT（授权）、REVOKE（回收授权）和 DENY（拒绝授权），确定单个用户和用户组对数据库对象的访问权限。

（4）事务控制语言（Transaction Control Language，TCL）：该语言用于将对行所做的修改永久地存储到表中，或者取消这些修改操作。包括 BEGIN TRANSACTION（启动事务）、COMMIT（提交事务，永久性地保存对行所做的修改）和 ROLLBACK（回滚，取消对行所做的修改）。

2.5.4 数据库常用对象

1. 表

表是数据库中最常用的数据存储单元，它包括所有用户可以访问的数据。作为关系型数据库，Oracle 表由行和列组成。每行代表唯一的一条记录，而每列代表记录中的一个域。

表是包含数据库中所有数据的数据库对象。表定义为列的集合。例如，在包含公司雇员数据的表中，每一行代表一名雇员，各列分别表示雇员的详细资料，如雇员编号、姓名、地址、职位及家庭电话号码等。

2. 索引

索引是与表相关联的可选结构。创建索引可以提高读取数据的效率。Oracle 索引提供对表数据的访问路径，从而使用户能够快速定位指定的信息。

数据库中的索引与书籍中的索引类似。在一本书中，利用索引可以快速查找所需信息，无须阅读整本书。在数据库中，索引使数据库程序无须对整个表进行扫描，就可以在其中找到所需数据。书中的索引是一个词语列表，其中注明了包含各个词的页码。而数据库中的索引是一个表中所包含的值的列表，其中注明了表中包含各个值的行所在的存储位置。可以为表中的单个列建立索引，也可以为一组列建立索引；索引采用 B 树结构。索引包含一个条目，该条目有来自表中每一行的一个或多个列（搜索关键字）。B 树按搜索关键字排序，可以在搜索关键字的任何子词条集合上进行高效搜索。例如，对于一个 A、B、C 列上的索引，可以在 A 及 A、B 和 A、B、C 上对其进行高效搜索。

大多数书中包含一个关于词汇、名称、地点等的总索引。数据库则包含分别关于所选类型或数据列的索引，这好比在一本书中分别为人名和地名建立索引。

3. 约束

约束是数据库服务器强制用户必须遵从的业务逻辑。它们限制用户可能输入指定列的值，从而强制引用完整性。在数据库设计器中创建约束时，约束遵从用于创建和更改表的 ANSI 标准。

4. 视图

视图是一个虚拟表，其内容由查询定义，它在物理上并不存在。视图可以把表或其他视图的数据按照一定的条件组合起来，所以也可以把它看成是一个存储的查询。与真实的表一样，视图包含一系列带有名称的列和行数据。行和列数据来自定义视图的查询所引用的表，并且在引用视图时动态生成。

对其中所引用的基础表来说，视图的作用类似于筛选。定义视图的筛选可以来自当前或其他数据库的一个或多个表，或者其他视图。分布式查询也可以用于定义使用多个异类源数据的视图。如果有几台不同的服务器分别存储组织中不同地区的数据，当需要将这些服务器上相似结构的数据组合起来时，这种方式就很有用。

5. 存储过程

存储过程使管理数据库、显示关于数据库及其用户信息的工作更为容易。存储过程是 SQL 语句和可选控制流语句的预编译集合，以一个名称存储并作为一个单元处理。存储过程存储在数据库内，可通过来自应用程序的调用来执行，并且允许用户声明变量、条件执行及其他强大的编程功能。存储过程按返回的数据类型，可分为两类：一类类似于 SELECT 语句，用于查询数据，查询到的数据以结果集的形式给出；另一类存储过程是通过输出参数返回信息，或不返回信息，只执行一个动作。存储过程可以嵌套，一个存储过程可以调用另一个存储过程。

6. 触发器

触发器是一种特殊类型的存储过程，主要是通过事件进行触发而被执行的，而存储过程可以通过存储过程名字而被直接调用。当对某一表进行诸如 UPDATE、INSERT、DELETE 这些操作时，Oracle 就会自动执行触发器所定义的 SQL 语句，从而确保对数据的处理符合由这些 SQL 语句所定义的规则。

触发器的主要作用就是实现由主键和外键所不能保证的复杂的参照完整性和数据的一致性。除此之外，触发器还有其他许多不同的功能：

（1）强化约束（Enforce restriction），触发器能够实现比 CHECK 语句更为复杂的约束。

（2）跟踪变化（Auditing changes），触发器可以侦测数据库内的操作，从而不允许数据库中未经许可的指定更新和变化发生。

（3）级联运行（Cascaded operation），触发器可以侦测数据库内的操作，并自动地级联影响整个数据库的各项内容。例如，某个表上的触发器中包含对另外一个表的数据操作（如删除、更新、插入），而该操作又导致该表上触发器被触发。

（4）存储过程的调用（Stored procedure invocation），为了响应数据库更新，触发器可以调用一个或多个存储过程，甚至可以通过外部过程的调用而在 DBMS（数据库管理系统）本身之外进行操作。

7. 序列

序列用于生成唯一的序列号，例如，要求 Oracle 为表中某一行生成唯一的标识，此时可以使用序列。

8. 同义词

同义词（synonym）是任何表、视图、快照、序列、过程、函数或包的别名，其定义存储在数据字典中。同义词因安全性和方便原因而经常使用，可用于：①屏蔽对象的名字及其持有者；②为分布式数据库的远程对象提供位置透明性；③为用户简化 SQL 语句。

9. 函数

函数是封装了一系列语句的命名块，通常情况下，使用过程执行一个动作，使用函数计算一个值。

10. 程序包

程序包是将相关的过程和函数，以及其使用的游标和变量组织起来的一种方式。程序包存储在数据库中，可以作为单个单元进行使用。

项目小结

本项目完成了 Oracle 数据库的安装和开发工具 PL/SQL Developer 的安装，同时，完成了图书借阅网站项目的数据库 BOOKBORROW 的创建。

本项目要求掌握的重点内容：Oracle 数据库的安装方法、Oracle 服务的启动与设置、常用工具的使用。

习　　题

1. 选择题

（1）下面不属于 Oracle 11g 产品系列的是（　）。

A. Oracle 数据库 11g 标准版 1　　B. Oracle 数据库 11g 标准版

C. Oracle 数据库 11g 企业版　　D. Oracle 数据库 11g 网络版

（2）Oracle 11g 中的 g 表示（　　）。

A. 版本　　B. 网络　　C. 数据库　　D. 网格计算

（3）安装 Oracle 11g 数据库使用的最小物理内存为（　　）。

A. 128 MB　　B. 256 MB　　C. 512 MB　　D. 1 GB

（4）下面关于 Oracle 11g 用户口令的说法错误的是（　　）。

A. 口令不得以数字开头　　B. 口令可以与用户名相同

C. 口令不得使用 Oracle 的保留字　　D. 口令长度必须在 4 ~ 30 个字符之间

（5）在登录 Oracle Enterprise Manager 时，要求验证用户的身份。下面不属于可以选择的身份为（　　）。

A. Normal　　B. SYSOPER

C. SYSDBA　　D. Administrator

（6）登录 OEM 页面时，使用的默认端口号为（　　）。

A. 1433　　B. 5560　　C. 1158　　D. 3938

2. 填空题

（1）标准的 SQL 语言语句类型可以分为__________、__________、__________和__________。

（2）__________是虚拟的表，它在物理上并不存在，可以把它看成是一个存储的查询。

（3）创建__________可以提高读取数据的效率。它的功能类似于书的目录，读者可以通过目录很快地在书中找到需要的内容。

（4）在安装 Oracle 11g 数据库时，需要指定全局数据库名，默认为__________。

（5）代表默认创建的 Oracle 数据库实例的环境变量是__________。

（6）Oracle 11g 监听服务是__________。

（7）使用 Enterprise Manager 11g 可以查看到________、________、________和________4个页面。

3. 简答题

（1）简述什么是数据库管理系统和数据库系统。

（2）简述 E–R 图的组成要素。

（3）简述关系模型中实体间的关系。

（4）简述数据库完整性。

（5）简述什么是 SQL 及常用 SQL 的分类。

（6）简述 Oracle 有哪些常用的服务。

4. 操作题

（1）练习安装与卸载 Oracle 11g。

（2）练习使用 Oracle 11g 的常用工具。

项目3　创建图书借阅网站项目表空间

3.1　项目分析

Oracle 数据库服务器安装完毕，并且已经创建了图书借阅网站的数据库 BOOKBORROW，接下来，要想进行项目数据库的开发，就需要了解 Oracle 的体系结构，从而分析数据库的组成、工作过程和原理，以及数据在数据库中的组织与管理机制，进而完成数据库表空间的创建与管理。

创建与管理图书借阅网站数据库表空间涉及的预备知识和任务实施见表 3－1。

表 3－1　环境搭建任务分解

类型	名称	任务内容	目标
预备知识	认识 Oracle 体系结构	了解 Oracle 的体系结构，掌握 Oracle 的物理存储结构、逻辑存储结构、进程结构、内存结构和数据字典	明确 Oracle 的体系结构，为图书借阅网站项目的开发奠定基础
任务实施	创建与管理表空间	了解 Oracle 11g 的表空间的分类，掌握表空间的创建和管理方法	创建图书借阅网站项目的表空间

其中，具体实施任务要求如下：

（1）创建图书借阅网站数据库表空间。

①创建图书借阅网站数据库永久表空间 BOOKTBS；

②创建图书借阅网站数据库临时表空间 BOOKTEMPTBS；

③创建图书借阅网站数据库撤销表空间 BOOKUNDOTBS；

④创建图书借阅网站数据库大文件表空间 BOOKBIGFILETBS。

（2）设置图书借阅网站数据库默认表空间。

①设置图书借阅网站数据库默认永久表空间为 BOOKTBS；

②设置图书借阅网站数据库默认临时表空间为 BOOKTEMPTBS。

3.2　任务1—Oracle 数据库的体系结构

Oracle 数据库服务器包括实例和数据库两大部分。实例由内存和进程组成。数据库由物理组件和逻辑组件组成。数据库启动时，先是在内存中创建一个实例，由这个实例去访问和控制磁盘的数据文件。实例是 Oracle 服务器的核心，数据库的存取和控制都由实例来完成。用户通过实例访问数据库，一个数据库可以由多个实例装载和打开，一个实例在其生命周期最多只能装载和打开一个数据库。

Oracle 的体系结构包括 4 部分：物理存储结构、逻辑存储结构、内存结构和进程结构。物理存储结构描述了 Oracle 数据库中的数据在操作系统中的组织和管理，逻辑存储结构描述了 Oracle 数据库内部数据的逻辑组织和管理。内存结构描述了 Oracle 数据库中的重要信息缓存和共享区域管理。进程结构描述了 Oracle 启动后的进程信息与管理。

3.2.1　数据字典

数据字典是数据库的重要组成部分，保存了数据库系统信息及数据库中所有的对象信息，是数据库运行的基础。Oracle 数据字典是一组系统自动创建和更新的只读的表及视图，任何数据库用户，包括 DBA，都只能读取数据字典，而无权修改。数据字典只能由 Oracle 系统进行管理与维护。

数据字典存储的信息，主要包括：

①数据库物理结构和逻辑结构的定义，主要包括服务器中的数据文件、控制文件和重做日志文件，以及表、视图、索引、同义词、序列、存储过程、程序包、触发器等所有的模式对象。

②数据库存储空间的分配信息，比如，当前 Oracle 为某一对象分配了多少空间，已经使用了其中的多少空间等。

③数据的完整性约束信息。

④数据库的安全信息，包括用户信息、授予用户的权限和角色信息。

⑤审计信息，如某个用户访问或修改了哪些数据库对象。

⑥数据库运行时的性能和统计信息。

⑦其他关于数据库的基本信息。

数据字典的数据反映了 Oracle 体系结构中各个组成的基本信息，以及 Oracle 运行过程中各个状态的信息，是 Oracle 管理和控制自身正常运行的数据集合，对 DBA 和用户都有着非常重要的作用。数据字典的主要用途如下：

①Oracle 通过访问数据字典获取有关用户、模式对象和其他存储结构的信息，从而控制和管理服务器工作。

②DBA 可以从数据字典中获取数据库的各种参数信息和运行状态信息，从而进行有效的数据库管理。

③任何数据库用户都可以从数据字典中获取关于数据库的信息，从而对数据库进行相关的开发、修改和维护操作。

Oracle 数据字典的名称由前缀和后缀组成，使用“_”连接，含义说明如下：

①dba_：包含数据库实例的所有对象信息。

②v$_：当前实例的动态视图，包含系统管理和系统优化等所使用的视图。

③user_：记录用户的对象信息。

④gv_：分布式环境下所有实例的动态视图，包括系统管理和系统优化使用的视图。

⑤all_：记录用户的对象信息及被授权访问的对象信息。

Oracle 中的基本数据字典，包括描述逻辑存储结构和物理存储结构的数据表，还包括描述其他数据对象信息的表，见表 3-2。

表 3－2 Oracle 基本的数据字典

数据字典名称	说明
dba_tablespaces	关于表空间的信息
dba_ts_quotas	所有用户表空间限额
dba_segments	描述数据库中所有段的存储空间
dba_extents	数据库中所有分区的信息
dba_tables	所有表的信息
dba_tab_columns	所有表、视图及簇的列
dba_views	数据库中所有视图的信息
dba_synonyms	关于同义词的信息
dba_sequences	所有用户序列信息
dba_constraints	所有用户表的约束信息
dba_indexs	数据表中所有索引的描述
dba_triggers	所有用户的触发器信息
dba_source	所有用户存储过程信息
dba_data_files	查询关于数据库文件的信息
dba_tab_grants/privs	查询关于对象授权的信息
dba_objects	数据库所有对象
dba_users	关于数据库中所有用户的信息

【例 3.1】 通过 dba_tables 视图，了解 scott 用户的所有表的信息，如下：

```
SQL > select table_name,owner from dba_tables
  2  where owner ='SCOTT';

TABLE_NAME                        OWNER
 ---------------------------------------------------------------
DEPT                             SCOTT
EMP                              SCOTT
BONUS                            SCOTT
SALGRADE                         SCOTT
```

其中，table_name 为表名，owner 为表的所有者。

Oracle 中常用的动态性能视图提供了关于内存和磁盘的运行情况，用户只能读取，而不能修改它们，见表 3－3。

表 3-3　Oracle 常用的动态性能视图

数据字典名称	说明
v$database	描述关于数据库的相关信息
v$datafile	数据库使用的数据文件信息
v$log	从控制文件中提取有关重做日志组的信息
v$logfile	有关实例重置日志组文件名及其位置的信息
v$archived_log	记录归档日志文件的基本信息
v$archived_dest	记录归档日志文件的路径信息
v$controlfile	描述控制文件的相关信息
v$instance	记录实例的基本信息
v$sga	显示实例的 SGA 区大小
v$sgastat	统计 SGA 使用情况的信息
v$session	有关会话的信息
v$sql	记录 SQL 语句的详细信息
v$sqltext	记录 SQL 语句的语句信息
v$bgprocess	显示后台进程信息
v$process	当前进程的信息

【例 3.2】　通过 dba_tables 视图，了解 scott 用户的所有表的信息，如下：

```
SQL > select db_unique_name from v$database;
DB_UNIQUE_NAME
 ------------------------------
bookborrow
```

其中，db_unique_name 为数据库的唯一名字，多用在多实例系统中。

【提示】　不知道数据字典提供哪些具体信息的时候，要使用数据库字典，可以先查看一下数据字典的结构，了解对应的数据字典字段名，再进行查询。

查看数据字典结构的命令为：desc 数据字典名。

3.2.2　Oracle 物理存储结构

物理存储结构由构成数据库的操作系统文件决定。Oracle 数据库主要包含 3 种类型的文件：数据文件、日志文件和控制文件。

1. 数据文件

Oracle 数据库有一个或多个物理的数据文件。数据库的数据文件包含全部数据库数据。逻辑数据物理地存储在数据文件中。一个数据文件仅与一个数据库联系。当数据库容量越界时，数据文件能够自动扩展。

数据以一种 Oracle 特有的格式被写入数据文件，其他程序无法读取数据文件中的数据。进行数据库操作时，系统将从数据文件中读取数据，并存储在 Oracle 的内存缓冲区中。新建或更新的数据不必立即写入数据文件中，而是临时存放在内存中，由数据库写入进程决定在适当的时间一次性写入数据文件中。这样可以大大减少访问磁盘的次数，从而提高系统性能。

【例 3.3】　使用数据字典 dba_data_files 查看当前数据库的数据文件名称及路径。代码如下：

```
SQL > select file_name from dba_data_files;

FILE_NAME
--------------------------------------------------------------------------------
D:\APP\LILY\ORADATA\BOOKBORROW\USERS01.DBF
D:\APP\LILY\ORADATA\BOOKBORROW\UNDOTBS01.DBF
D:\APP\LILY\ORADATA\BOOKBORROW\SYSAUX01.DBF
D:\APP\LILY\ORADATA\BOOKBORROW\SYSTEM01.DBF
```

2. 控制文件

数据库的控制文件用于标识数据库和日志文件，当开始数据库操作时，必须打开控制文件。当数据库的物理组成更改时，Oracle 自动更改该数据库的控制文件。数据恢复时，也要使用控制文件。

每个 Oracle 数据库有一个控制文件，记录数据库的物理结构。控制文件包含数据库名、数据库数据文件和日志文件的名字、位置，以及数据库状态等信息。

【例 3.4】　使用数据字典 v$controlfile 查看当前数据库的控制文件的名称与路径。代码如下：

```
SQL > select name from v$controlfile;

NAME
--------------------------------------------------------------------------------
D:\APP\LILY\ORADATA\BOOKBORROW\CONTROL01.CTL
D:\APP\LILY\FLASH_RECOVERY_AREA\BOOKBORROW\CONTROL02.CTL
```

3. 日志文件

每个数据库有两个或多个日志文件组，日志文件组用于收集数据库日志。日志的主要功能是记录对数据所做的修改，所有对数据库的修改全部记录在日志中。在出现故障时，如果不能将修改数据永久地写入数据文件，则可利用日志得到修改记录，从而保证已经发生的操作结果不会丢失。为了防止日志文件本身的故障，Oracle 允许镜像日志，在不同磁盘上维护两个或多个日志副本。

4. 其他文件

归档重做日志文件是历史联机重做日志文件的集合，是联机重做日志文件被覆盖之前备份的副本。如果数据库工作在归档模式，数据库归档进程会自动将写满的重做日志文件在覆盖之前复制到指定的位置。归档重做日志文件是数据库出现介质故障后，实现数据库完全恢复的必要条件。

参数文件是数据库启动过程所必需的文件，其记录了数据库的基本参数信息，主要包括数据库名和控制文件所在路径等。数据库启动的第一步就是根据初始化参数文件中的设置，创建并启动实例，即分配内存空间、启动后台进程。

跟踪文件是数据库中重要的诊断文件，是获取数据库信息的重要工具，对管理数据库的实例起着至关重要的作用。跟踪文件中包含数据库系统运行过程中所发生的重大事件的有关信息，可以为数据库运行故障的解决提供重要信息。

警告文件也是数据库中重要的诊断文件，记录数据库在启动、关闭和运行期间后台进程的活动情况。在数据库出现故障时，应首先查看该文件，但文件中的信息与任何错误状态没有必然的联系。

备份文件用于对受损文件进行恢复。当文件受损时，使用备份文件替换该文件，进行文件还原。

3.2.3 Oracle 逻辑存储结构

Oracle 数据库的逻辑存储结构是从逻辑的角度来分析数据库的构成的，也就是数据库创建后，利用逻辑概念来描述 Oracle 数据库内部数据的组织和管理形式。在操作系统中，没有数据库逻辑存储结构信息，只有物理存储结构信息。数据库的逻辑存储结构概念存储在数据库的数据字典中，可以通过数据字典查询逻辑存储结构信息。逻辑结构是面向用户的，用户使用 Oracle 开发应用程序时，使用的就是逻辑结构。

Oracle 的逻辑结构是一种层次结构。主要由表空间、段、区和数据块等概念组成。其关系如下：

①每个数据库由一个或多个表空间所组成（至少一个）。

②每个表空间基于一个或多个操作系统的数据文件（至少一个）。

③每个表空间中可以存放零个或多个段（Segment）。

④每个段是由一个或多个区段（Extent）所组成。

⑤每个区段是由一个或多个连续的 Oracle 数据块所组成。

⑥每个 Oracle 数据块是由一个或多个连续的操作系统数据块所组成。

1. 表空间

表空间是 Oracle 数据库最大的逻辑存储单元，表空间用来存储创建的数据库对象，如表、视图、存储过程等。每个 Oracle 数据库至少拥有一个表空间，表空间与数据库文件直接关联，一个表空间包含一个或多个数据文件，一个数据文件只能从属于某一个表空间，表空间的大小为其所包含的所有数据文件大小的总和。

2. 段

段是由一个或多个连续或不连续的区组成的逻辑存储单元，用于存储特定的、具有独立存储结构的数据库对象。根据存储对象类型不同，分为数据段、索引段、临时段和回滚段 4 种。

①数据段：用来存储表或簇的数据，可以细分为普通表段（Table）、分区表段（Table Partition）、簇段（Cluster）、索引化表段（Index - organized Table）。

②索引段：用来存放索引数据，每个索引都有一个索引段，存储所有的索引数据。

③临时段：当执行 SQL 语句需要临时工作区时，Oracle 将创建临时段。执行完毕后，临时段的区间将被系统回收，以备需要时分配使用。

④回滚段：用于保存数据库的回滚信息，包含当前未提交事务所修改的数据的原始版本。利用回滚段中保存的回退信息，可以实现事务回滚、数据库恢复、数据的读一致性和闪

回查询。

3. 区间

区间是数据库存储空间中分配的一个逻辑单元，由一组相邻的数据块组成，它是 Oracle 分配磁盘空间的最小单位。当创建一个数据库对象时，Oracle 为对象分配若干个区，以构成一个段来为对象提供初始的存储空间。当段中已分配的区都写满后，Oracle 会为段分配一个新区，以容纳更多的数据。构成一个段的所有区只能在一个文件中。

4. 数据块

数据块是 Oracle 管理数据库存储空间的最小数据存储单位，也是数据库执行输入、输出操作的最小单位，由一个或者多个操作系统块构成。一个数据块对应磁盘上的一定数量的数据库空间，因此，数据块既是逻辑单位，也是物理单位。

块的默认大小由初始化参数 db_block_size 指定。数据库创建完成之后，该参数值无法再修改。通过 SHOW PARAMETER 语句可以查看该参数的信息，如下：

```
SQL > SHOW PARAMETER db_block_size;
NAME                TYPE        VALUE
-------------------------------------------------------------
db_block_size       integer      8192
```

3.2.4 Oracle 内存结构

内存结构是 Oracle 数据库体系结构的重要组成部分，是 Oracle 数据库重要的信息缓存和共享区域，也是影响数据库性能的主要因素之一。根据内存区域信息使用范围的不同，分为系统全局区（System Global Area，SGA）和程序全局区（Program Global Area，PGA）。具体结构如图 3－1 所示。

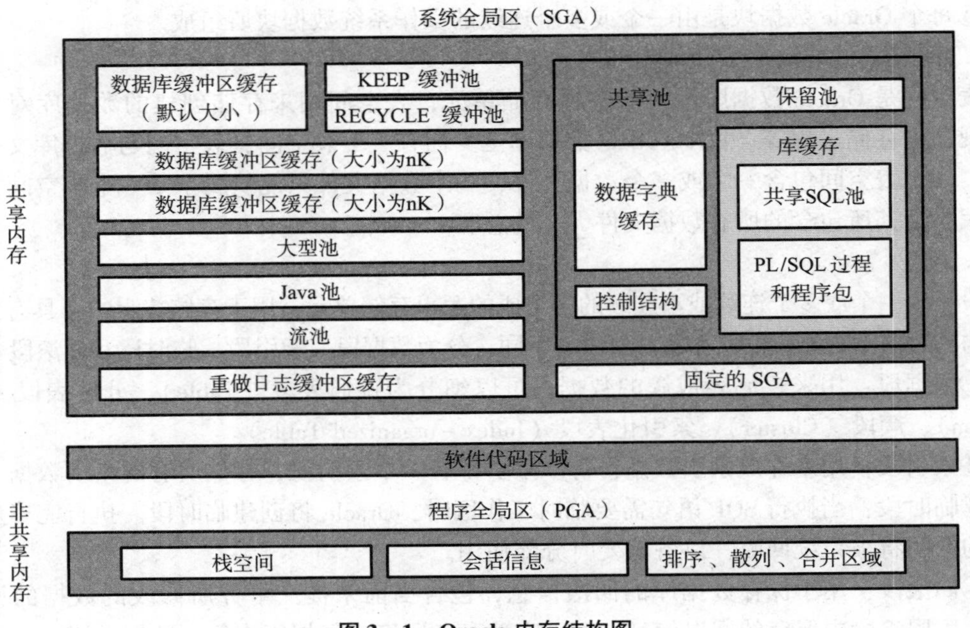

图 3－1 Oracle 内存结构图

1. 系统全局区（SGA）

SGA是Oracle系统为实例分配的一组共享缓冲存储区，用于存放数据库数据和控制信息，以实现对数据库数据的管理和操作。在一个数据库实例中，可以有多个用户进程，这些用户进程可以共享系统全局区中的数据，因此，系统全局区SGA又称为共享全局区。SGA包括如下重要部分：

（1）数据缓冲区：数据缓冲区用于存储从磁盘数据文件中读取的数据，供所有用户共享。由于系统读取内存的速度要比读取磁盘快得多，所以数据缓冲区的存在可以提高数据库的整体效率。

数据缓冲区的大小由参数db_cache_size决定，可以通过show parameter语句查看该参数信息。

```
SQL > show parameter db_cache_size;
NAME                    TYPE                  VALUE
------------------------------------------------------------------------
db_cache_size         big integer            20M
```

（2）重做日志缓冲区：对数据库进行修改的任何事务（Transaction），在记录到重做日志之前，都必须首先放到重做日志缓冲区（Redo Log）中。重做日志缓冲区是专为此开辟的一块内存区域，重做日志缓存中的内容将被LGWR后台进程随时写入重做日志文件。

重做日志缓冲区的大小由参数log_buffer决定，查看如下：

```
SQL > show parameter log_buffer;
NAME                   TYPE        VALUE
------------------------------------------------------------------------
log_buffer           integer      15925248
```

（3）共享SQL池：共享SQL池（Shared SQL Pool）相当于程序高速缓冲区，所有的用户程序都存放在共享SQL池中，用于保存最近执行的SQL语句、PL/SQL程序的数据字典信息，它是对SQL语句和PL/SQL程序进行语法分析、编译和执行的内存区域。共享池主要包括如下两种子缓存。

库缓存（Library Cache）：保存数据库运行的SQL和PL/SQL语句的有关信息。

数据字典缓存（Data Dictionary Cache）：用于保存最常用的数据字典信息，如数据库对象信息、数据库结构信息等。

共享池的大小由参数shared_pool_size决定，查看如下：

```
SQL > show parameter shared_pool_size;
NAME                       TYPE            VALUE
------------------------------------------------------------------------
shared_pool_size       big integer       20M
```

（4）大型池：用于提供一个大的缓冲区，供数据库的备份与恢复操作使用，它是SGA的可选区域。

大型池的大小由参数large_pool_size决定，查看如下：

```
SQL > show parameterlarge_pool_size;
NAME                    TYPE        VALUE
--------------------------------------------------------------------
large_pool_size         big integer  20M
```

(5) Java 池：提供对 Java 程序设计的支持，用于存储 Java 代码、Java 语句的语法分析表和进行 Java 程序开发等。大小由参数 Java_pool_size 决定。

(6) 流池：用于对流的支持，大小由参数 streams_pool_size 决定。

2. 程序全局区（PGA）

PGA 是单个 Oracle 进程使用的内存区域，不属于实例的内存结构，是 Oracle 系统分配给一个进程的私有内存区域。

它含有单个进程工作时需要的数据和控制信息，PGA 是非共享的，只有服务进程本身才能够访问它自己的 PGA 区。其大小由参数 pga_aggregate_target 决定。

3.2.5 Oracle 进程结构

Oracle 数据库启动时，会启动多个 Oracle 后台进程，后台进程是用于执行特定任务的可执行代码块，在系统启动后，异步地为所有数据库用户执行不同的任务。通过查询数据字典 v$bgprocess，可以了解数据库中启动的后台进程信息。

1. DBWn 进程

DBWn（Database Writer，数据库写入）进程是 Oracle 中采用 LRU（Least Recently Used，最近最少使用）算法将数据缓冲区中的数据写入数据文件的进程。

DBWn 进程主要有如下几个作用：

①管理数据缓冲区，以便用户进程总能找到空闲的缓冲区。

②将所有修改后的缓冲区数据写入数据文件。

③使用 LRU 算法将最近使用过的块保留在内存中。

④通过延迟写来优化磁盘 I/O 读写。

DBWn 进程工作过程如下：

①当一个用户进程产生后，服务器进程查找内存缓冲区中是否存在用户进程所需要的数据。

②如果内存中没有需要的数据，则服务器进程从数据文件中读取数据。这时，服务器进程会首先从 LRU 中查找是否有存放数据的空闲块。

③如果 LRU 中没有空闲块，则将 LRU 中的 DIRTY 数据块（指被修改但没被写入数据文件的数据）移入 DIRTY LIST（弄脏表）。

④如果 DIRTY LIST 超长，服务器进程将会通知 DBWn 进程将数据写入磁盘，刷新缓冲区。

⑤当 LRU 中有空闲块后，服务器进程从磁盘的数据文件中读取数据并存放到数据缓冲区中。

2. LGWR 进程

LGWR（Log Writer，日志写入）进程是负责管理日志缓冲区的一个后台进程，用于将日志缓冲区中的日志数据写入磁盘的日志文件中。

LGWR 进程将日志信息同步地写入在线日志文件组的多个日志成员文件中，如果日志文件组中的某个成员文件被删除或者不可使用，则 LGWR 进程可以将日志信息写入该组的其他文件中，从而不影响数据库正常运行，但会在警告日志文件中记录错误。

3. CKPT 进程

CKPT（Check Point，检查点或检验点）进程一般在发生日志切换时自动产生，用于缩短实例恢复所需的时间。在检查点期间，CKPT 进程更新控制文件与数据文件的标题，从而反映最近成功的 SCN（System Change Number，系统更改号）。

在 Oracle 数据库中，控制检查点产生的参数有如下两种。

①log_checkpoint_timeout：用于设置检查点产生的时间间隔，默认值为 1 800 秒。

②log_checkpoint_interval：用于设置一个检查点需要填充的日志文件块的数目，也就是指每当产生多少个日志数据时自定产生一个检查点，默认值为 0。

4. SMON 进程

SMON（System Monitor，系统监控）进程用于数据库实例出现故障或系统崩溃时，通过将联机重做日志文件中的条目应用于数据文件，执行崩溃恢复。

SMON 进程一般用于定期合并字典管理的表空间中的空闲空间，此外，它还用于在系统重新启动期间清理所有表空间中的临时段。

5. PMON 进程

PMON（Process Monitor，进程监控）进程用于在用户进程出现故障时，执行进程恢复操作，负责清理内存存储区和释放该进程所使用的资源。

PMON 进程周期性检查调度进程和服务器进程的状态，如果发现进程已死，则重新启动它。PMON 进程被有规律地唤醒，检查是否需要使用，或者其他进程发现需要时，也可以调用此进程。

6. ARCn 进程

ARCn（Archive Process，归档）进程用于将写满的日志文件复制到归档日志文件中，防止日志文件组中的日志信息由于日志文件组的循环使用而被覆盖。

一个 Oracle 数据库实例中，允许启动的 ARCn 进程的个数由参数 log_archive_max_processes 决定。

7. RECO 进程

RECO（Recovery，恢复）进程存在于分布式数据库系统中，用于自动解决在分布式数据库中出现的事务故障。

当一个数据库服务器的 RECO 进程试图与一个远程服务器建立通信时，如果远程服务器不可用或者无法建立网络连接，则 RECO 进程将自动在一个时间间隔之后再次连接。

3.3 任务 2—创建与管理表空间

3.3.1 表空间概述

1. 表空间概念

表空间是 Oracle 数据库最大的逻辑存储单元，数据库的大小从逻辑上看就是由表空间决定的，所有表空间大小的和就是数据库的大小。在 Oracle 数据库中，存储结构管理主要就是通过对表空间的管理来实现的。

一个数据库由一个或多个表空间构成，不同表空间用于存放不同应用的数据。表空间与数据库文件直接关联，一个表空间包含一个或多个数据文件，一个数据文件只能从属于某一个表空间，数据库对象就是存储在表空间对应的一个或多个数据文件中。数据库、表空间、数据文件、数据库对象之间的关系如图 3－2 所示。

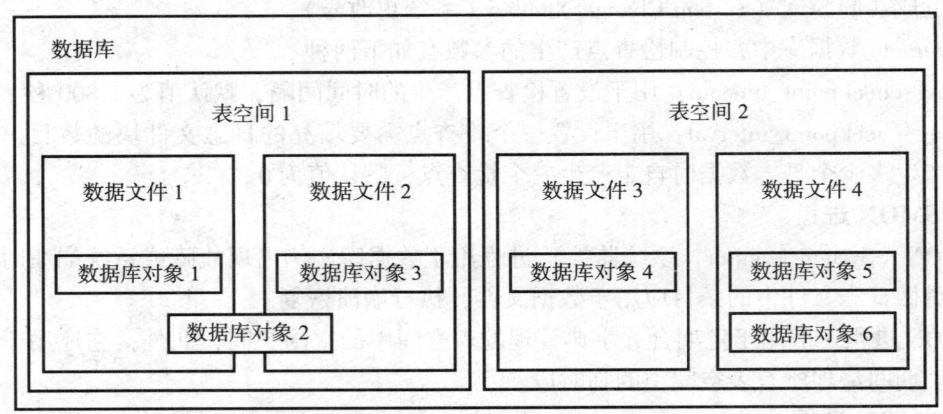

图 3－2　数据库、表空间、数据文件、数据库对象之间的关系

2. 表空间概念

表空间根据存储数据的类型不同，分为系统表空间和非系统表空间两类。系统表空间主要存放数据库的系统信息，如数据字典信息、数据库对象定义信息、数据库组件信息等。非系统表空间又分为撤销表空间、临时表空间和用户表空间等。其中，撤销表空间用于自动管理数据库的回退信息，临时表空间用于管理数据库的临时信息，用户表空间用于存储用户的业务数据。Oracle 11g 包含的 6 种表空间见表 3－4。

表 3－4　Oracle 11g 数据库表空间类型

名称	描述
大文件表空间（Bigfile Tablespaces）	大文件表空间是 Oracle 10g 开始引进的一个新的表空间类型。主要用于解决存储文件大小不够的问题。与普通的表空间不同的是，大文件表空间只能包含一个大文件，但文件大小可以达到 4G 个数据块
系统表空间（SYSTEM Tablespace）	这是 Oracle 数据库必须具备的部分。用于存放系统数据字典、数据库对象定义、PL/SQL 程序源码等系统信息
辅助表空间（SYSAUX Tablespace）	系统表空间的辅助表空间，很多数据库组件把辅助表空间作为存储数据的默认位置
撤销表空间（Undo Tablespace）	用于事务的回滚和撤销的表空间
临时表空间（Temporary Tablespace）	用于存储数据库的临时表等临时数据
用户表空间（USERS Tablespace）	用于存储用户的私有数据

在创建 Oracle 11g 数据库时，会自动创建表空间，可以通过数据字典 dba_tablespaces 进行查看。

【例 3.5】　使用数据字典 dba_tablespaces 查看当前数据库所有表空间的名称。代码如下：

```
SQL > select tablespace_name from dba_tablespaces;

TABLESPACE_NAME
------------------------------
SYSTEM
SYSAUX
UNDOTBS1
TEMP
USERS
```

上述查询结果中的表空间即为 Oracle 数据库自动创建的表空间。具体说明见表 3－5。

表 3－5　Oracle 数据库自动创建的表空间

名称	类型	描述
SYSTEM	系统表空间	存放数据字典、数据库对象定义、PL/SQL 程序源代码等系统信息
SYSAUX	系统表空间	辅助系统表空间，存储数据库组件等信息
TEMP	临时表空间	存放临时数据，用于排序等操作
UNDOTBS1	撤销表空间	存储、管理回退信息
USERS	用户表空间	存放永久性用户对象和私有信息

3.3.2　表空间的创建

使用 CREATE TABLESPACE 语句创建表空间，必须具有 CREATE TABLESPACE 系统权限的用户才能使用此语句。

创建表空间时，首先要明确表空间的名称、类型，对应的数据文件名称和位置，以及区的分配方式、段的管理方式等。

①表空间名称：不能超过 30 个字符，必须以字母开头，可以包含字母、数字和一些特殊字符（如#，$）等。

②表空间类型：普通表空间、临时表空间、撤销表空间。

③区的分配方式：包括自动扩展（AUTOALLOCATE）和定制（UNIFORM）两种。自动扩展指表空间由系统管理，最小区间为 64 KB。定制可以指定最小区间的大小。

④段的管理方式：包括自动管理（AUTO）和手动管理（MANUAL）两种。

创建表空间的语句如下：

```
CREATE [ TEMPORARY |UNDO ] TABLESPACE tablespace_name
[
    DATAFILE |TEMPFILE 'file_name' SIZE size K |M [ REUSE ]
    [
        AUTOEXTEND OFF |ON
        [ NEXT number K |M MAXSIZE UNLIMITED |number K |M ]
    ]
    [ , ...]
]
[ MININUM EXTENT number K|M ]
[ BLOCKSIZE number K]
[ ONLINE|OFFLINE ]
[ LOGGING|NOLOGGING ]
[ FORCE LOGGING ]
[ DEFAULT STORAGE storage ]
[ COMPRESS|NOCOMPRESS ]
[ PERMANENT|TEMPORARY ]
[
    EXTENT MANAGEMENT DICTIONARY|LOCAL
    [ AUTOALLOCATE|UNIFORM SIZE number K|M ]
]
[ SEGMENT SPACE MANAGEMENT AUTO|MANUAL ];
```

说明：

- TEMPORARY| UNDO：表空间类型。TEMPORARY 表示创建临时表空间；UNDO 表示创建撤销表空间；不指定类型，表示创建永久表空间。
- tablespace_name：表空间名称。
- DATAFILE| TEMPFILE 'file_name'：指定与表空间相关的数据文件。一般数据文件使用 DATAFILE，如果创建的是临时表空间，则需要使用 TEMPFILE；filename 指定文件名与路径。可以为一个表空间指定多个数据文件。
- SIZE size：数据文件大小。
- REUSE：如果指定的数据文件已经存在，则使用 REUSE 关键字可以清除并重新创建对应的数据文件。如果文件已存在，但没有使用 REUSE 关键字，则会报错。
- AUTOEXTEND OFF| ON：指定数据文件是否自动扩展。OFF 表示不自动扩展；ON 表示自动扩展。默认情况下为 OFF。
- NEXT number：如果指定数据文件为自动扩展，则 NEXT 子句用于指定数据文件每次扩展的大小。
- MAXSIZE UNLIMITED| number：如果指定数据文件为自动扩展，则 MAXSIZE 子句用于指定数据文件的最大大小。如果指定为 UNLIMITED，则表示大小无限制，默认为此选项。

- MININUM EXTENT number：指定表空间中盘区可以分配到的最小的尺寸。
- BLOCKSIZE number：如果创建的表空间不采用默认的数据块大小，可以另外利用此子句进行设置。此子句只适用于永久表空间。
- ONLINE | OFFLINE：指定表空间的状态为在线（ONLINE）或离线（OFFLINE）。在线状态下，表空间可用；离线状态下，表空间不可用。默认为 ONLINE。
- LOGGING | NOLOGGING：指定存储在表空间中的数据库对象的任何操作是否产生日志。LOGGING 表示产生；NOLOGGING 表示不产生。默认为 LOGGING。
- FORCE LOGGING：用于强制表空间中的数据库对象的任何操作都产生日志，将忽略 LOGGING 或 NOLOGGING 子句。
- DEFAULT STORAGE storage：指定保存在表空间中的数据库对象的默认存储参数。
- COMPRESS | NOCOMPRESS：指定是否压缩数据段中的数据，默认为 COMPRESS，即压缩。
- PERMANENT | TEMPORARY：指定表空间中数据对象的保存形式：永久或临时。
- EXTENT MANAGEMENT DICTIONARY | LOCAL：指定表空间的管理方式。DICTIONARY 表示采用数据字典的形式管理；LOCAL 表示采用本地化管理形式管理。默认为 LOCAL。
- AUTOALLOCATE | UNIFORM SIZE number：指定表空间中的盘区大小。AUTOALLOCATE 表示盘区大小由 Oracle 自动分配，此时不能指定大小；UNIFORM SIZE number 表示表空间中的所有盘区大小相同，都为指定值。默认为 AUTOALLOCATE。
- SEGMENT SPACE MANAGEMENT AUTO | MANUAL：指定表空间中段的管理方式。AUTO 表示自动管理方式；MANUAL 表示手动管理方式。默认为 AUTO。

1. 创建永久表空间

【例 3.6】　为图书借阅网站数据库创建一个永久本地管理表空间 booktbs，数据文件设为自动增长，每次增长 5 MB，文件最大值为 100 MB。

```
SQL > CREATE TABLESPACE booktbs
  2  DATAFILE 'C:\oradata\book\booktbs.dbf' size 20MB
  3  AUTOEXTEND ON NEXT 5MB
  4  MAXSIZE 100MB;

Tablespace created
```

【例 3.7】　为图书借阅网站数据库创建一个永久本地管理表空间 booktbs01，指定其最小区间为 128 KB。

```
SQL > CREATE TABLESPACEbooktbs01
  2  DATAFILE 'C:\oradata\book\booktbs01.dbf' SIZE 30MB
  3  AUTOEXTEND ON NEXT 5MB
  4  MAXSIZE 100MB
  5  EXTENT MANAGEMENT LOCAL UNIFORM SIZE 128KB;

Tablespace created
```

2. 创建临时表空间

【例 3.8】　为图书借阅网站数据库创建一个临时表空间 temptbs。

```
SQL > CREATE TEMPORARY TABLESPACEbooktemptbs
  2  TEMPFILE 'C: \oradata \book \booktemptbs.dbf'
  3  SIZE 20M
  4  EXTENT MANAGEMENT LOCAL UNIFORM SIZE 16M;

Tablespace created
```

3. 创建撤销表空间

【例 3.9】　为图书借阅网站数据库创建一个撤销表空间 undotbs

```
SQL > CREATEUNDO TABLESPACE bookundotbs
 2DATAFILE 'C: \oradata \book \bookundotbs.dbf'
  3  SIZE 30M;

Tablespace created
```

4. 创建大文件表空间

【例 3.10】　为图书借阅网站数据库创建一个大文件表空间 undotbs。

```
SQL > CREATEBIGFILE TABLESPACE bookbigfiletbs
 2DATAFILE 'C: \oradata \book \bookbigfiletbs.dbf'
  3  SIZE1G;

Tablespace created
```

3.3.3　查看表空间

可以使用 SELECT 语句从 Oracle 视图中查看表空间信息，也可以通过 OEM 查看。与表空间有关的视图见表 3－6。

表 3－6　与表空间有关的视图

视图名	说明
V$TABLESPACE	控制文件中保存的所有表空间的名称和数量
DBA_TABLESPACES	所有表空间的描述信息
USER_TABLESPACES	所有用户可访问表空间的描述信息
DBA_TABLESPACE_GROUPS	所有表空间组及其所属的表空间信息
DBA_SEGMENTS	所有表空间中的区间信息
USER_SEGMENTS	所有用户表空间中的区间信息
DBA_FREE_SPACE	所有表空间中的空闲区间信息

续表

视图名	说明
USER_FREE_SPACE	所有用户表空间中的空闲区间信息
V$DATAFILE	所有数据文件信息
V$TEMPFILE	所有临时文件信息
DBA_DATA_FILES	显示所有属于表空间的数据文件信息
DBA_TEMP_FILES	显示所有属于临时表空间的临时文件信息

【例3.11】　查看视图 V$TABLESPACE 中表空间的名字。

```
SQL > SELECT NAME FROM V$TABLESPACE;

NAME
-------------------------------
SYSTEM
SYSAUX
UNDOTBS1
USERS
TEMP
BOOKTBS
BOOKTBS01
BOOKTEMPTBS
BOOKUNDOTBS
BOOKBIGFILETBS
10 rows selected
```

【例3.12】　通过视图 DBA_TABLESPACES 查看所有表空间的名字、类型及状态信息。

```
SQL > SELECT TABLESPACE_NAME,CONTENTS, STATUS FROM DBA_TABLESPACES;

TABLESPACE_NAME   CONTENTS      STATUS
--------------------------------------------------
SYSTEM            PERMANENT     ONLINE
SYSAUX            PERMANENT     ONLINE
UNDOTBS1          UNDO          ONLINE
TEMP              TEMPORARY     ONLINE
USERS             PERMANENT     ONLINE
BOOKTBS           PERMANENT     ONLINE
BOOKTBS01         PERMANENT     ONLINE
BOOKTEMPTBS       TEMPORARY     ONLINE
```

```
BOOKUNDOTBS        UNDO         ONLINE
BOOKBIGFILETBS     PERMANENT    ONLINE
10 rows selected
```

3.3.4 修改表空间

1. 重命名表空间

根据需要可以修改表空间名称，不会影响表空间中的数据，语法如下：

```
ALTER TABLESPACE tablespace_name RENAME TO new_tablespace_name;
```

【例 3.13】 将表空间 booktbs01 修改为 booktbs02。

```
SQL > ALTER TABLESPACE booktbs01 RENAME TO booktbs02;

Tablespace altered
```

2. 修改表空间文件

（1）修改表空间文件大小。

创建表空间时，数据文件大小是预设的，如果后期应用数据量大，可能会超出预设值。此时，则需要增加数据文件的大小。语法如下：

```
ALTER DATABASE DATAFILE file_name RESIZE newsize K|M
```

其中：

file_name：数据文件的名称和路径；RESIZE newsize：修改数据文件的大小为 newsize。

【例 3.14】 通过数据字典 dba_data_files 查看 booktbs02 表空间数据文件信息。语法如下：

```
SQL > SELECT tablespace_name , file_name , bytes
  2  FROM dba_data_files
  3  WHERE tablespace_name = 'BOOKTBS02';

TABLESPACE_NAME       FILE_NAME                              BYTES
------------------------------------------------------------------------
BOOKTBS01            C:\ORADATA\BOOK\BOOKTBS01.DBF          31457280
```

其中，file_name 字段表示数据文件的名称与路径；bytes 字段表示数据文件的大小。

【例 3.15】 修改 booktbs01 表空间对应的数据文件的大小。语法如下：

```
SQL > ALTER DATABASE
  2  DATAFILE 'C:\ORADATA\BOOK\BOOKTBS01.DBF'
  3  RESIZE 40M;
Database altered
```

（2）增加表空间文件。

除了可以增加原文件大小，还可以新增文件。语法如下：

```
ALTER TABLESPACE tablespace_name
ADD DATAFILE |TEMPFILE file_name SIZE newsize K |M
    [
      AUTOEXTEND OFF | ON
      [ NEXT number K | M MAXSIZE UNLIMITED | number K | M ]
    ]
    [ , ...];
```

【例3.16】　为刚更名的表空间 booktbs02 中添加数据文件 booktbs02. dbf，文件大小为 10 MB。

```
SQL > ALTER TABLESPACE booktbs02
  2  ADD DATAFILE 'C: \oradata \book \booktbs02.dbf' SIZE 10MB;

Tablespace altered
```

【例3.17】　在临时表空间 temptbs 中添加临时文件 temptbs01. dbf，文件大小为 20 MB。

```
SQL > ALTER TABLESPACEbooktemptbs
  2  ADD TEMPFILE 'C: \oradata \book \booktemptbs01.dbf' SIZE 20 MB;

Tablespace altered
```

（3）修改表空间文件的自动扩展性。

对于表空间中的数据文件，可以修改其自动扩展性。语法如下：

```
ALTER DATABASE
DATAFILE |TEMPFILE file_name
AUTOEXTEND OFF | ON
       [NEXT number K | M MAXSIZE UNLIMITED | number K | M ]
```

【例3.18】　修改表空间 booktbs02 中数据文件 booktbs031. dbf 的自动扩展性，自动扩展，每次增长 5 MB，最大值为 30 MB。

```
SQL > ALTER DATABASE
  2  DATAFILE 'C: \oradata \book \booktbs02.dbf'
  3  AUTOEXTEND ON
  4  NEXT 5 MB MAXSIZE 30 MB;

Database altered
```

（4）删除表空间文件。

根据需要，可以删除表空间的文件。语法如下：

```
ALTER TABLESPACE tablespace_name
DROP DATAFILE |TEMPFILE file_name;
```

【例 3.19】　删除表空间 booktbs02 中数据文件 booktbs02. dbf。

```
SQL > ALTER TABLESPACE booktbs03
  2  DROP DATAFILE 'C: \oradata \book \booktbs02.dbf';


Tablespace altered
```

3. 设置联机和脱机

表空间的状态可以分为联机与脱机。脱机状态下，所有对该表空间内对象的修改将无法同步到数据文件中。以下情况可以将表空间设置为脱机状态：

①将数据库的一部分设置为不可访问，而其他部分可以访问。

②执行脱机表空间备份。

③在升级或维护应用程序时，将应用程序及其使用的表临时设置为不可访问。

④重命名或重新分配表空间。

系统表空间（SYSTEM）、撤销表空间（Undo）和临时表空间（Temporary）不能被设置为脱机状态。

使用 ALTER TABLESPACE…OFFLINE 语句设置表空间为脱机状态。

【例 3.20】　将表空间 booktbs02 设置为脱机状态。

```
SQL > ALTER TABLESPACE booktbs02 OFFLINE;
```

使用 DBA_TABLESPACES 视图查看表空间的状态，可以看到 booktbs03 的状态变为 OFFLINE，语句如下：

```
SQL >SELECT TABLESPACE_NAME,CONTENTS,STATUS FROM DBA_TABLESPACES;
```

使用 ALTER TABLESPACE…ONLINE 语句设置表空间为联机状态。

【例 3.21】　将表空间 booktbs02 设置为联机状态。

```
SQL > ALTER TABLESPACEbooktbs02 ONLINE;
```

4. 修改表空间读写属性

为了保护表空间中的数据文件不被修改，可以将其设置为只读表空间。设置只读表空间的主要目的是避免对数据库中大量静态数据进行备份和恢复操作，还可以包含历史数据不被修改。

使用 ALTER TABLESPACE…READ ONLY 语句设置只读表空间（表空间必须处于联机状态）。

【例 3.22】　将表空间 OrclTBS02 设置为只读表空间。

```
SQL > ALTER TABLESPACE OrclTBS02 READ ONLY;
```

使用 ALTER TABLESPACE…READ WRITE 语句可以将只读表空间设置为可读写状态。

【例 3.23】　将表空间 OrclTBS02 设置为可读写状态。

```
SQL > ALTER TABLESPACE OrclTBS02 READ WRITE;
```

3.3.5 删除表空间

为了有效利用空间，对不再使用的表空间，需要将其及时删除。删除表空间时，可以选择同时删除其中的段和数据文件。

使用 DROP TABLESPACE 语句删除表空间。

【例 3.24】 删除表空间 booktbs02。

```
SQL > DROP TABLESPACE booktbs02;

Tablespace dropped
```

使用 INCLUDING CONTENTS 子句可以在删除表空间的同时删除其中的段。

【例 3.25】 删除表空间 booktbs02，同时删除其中的段。

```
SQL > DROP TABLESPACEbooktbs02 INCLUDING CONTENTS;

Tablespace dropped
```

使用 INCLUDING CONTENTS AND DATAFILE 子句可以在删除表空间的同时，删除包含的段和数据文件。

【例 3.26】 删除表空间 booktbs02，同时删除包含的段和数据文件。

```
SQL > DROP TABLESPACEbooktbs02 INCLUDING CONTENTS AND DATAFILES;

Tablespace dropped
```

3.3.6 设置默认表空间

在 Oracle 中，用户的默认永久表空间是 users，默认临时表空间是 temp。如果所有用户都适用默认的表空间，则必然会增加对 users 和 temp 表空间的竞争。因此，最好是使用自己的永久和临时表空间。

使用数据字典 database_properties 查看当前用户所使用的永久性表空间与临时表空间的名称。

```
SQL > SELECT property_name , property_value , description
  2    FROM database_properties
  3    WHERE property_name
  4    IN('DEFAULT_PERMANENT_TABLESPACE' , 'DEFAULT_TEMP_TABLESPACE');

PROPERTY_NAME                  PROPERTY_VALUE            DESCRIPTION
--------------------------------------------------------------------------------
DEFAULT_TEMP_TABLESPACE   TEMP  Name of default temporary tablespace
DEFAULT_PERMANENT_TABLESPACE  USERS  Name of default permanent tablespace
```

设置默认表空间的语法如下：

```
ALTER DATABASE
DEFAULT [TEMPORARY] TABLESPACE tablespace_name;
```

【例 3.27】 设置 BOOKTBS 为默认的永久表空间，设置 BOOKTEMPTBS 为默认的临时表空间。

```
SQL >ALTER DATABASE DEFAULT TABLESPACE BOOKTBS;

Database altered
SQL >ALTER DATABASE DEFAULT TEMPORARY TABLESPACEBOOKTEMPTBS;

Database altered
```

再次查看当前用户的默认表空间，则默认永久表空间变为 BOOKTBS，默认临时表空间变为 BOOKTEMPTBS。

项目小结

本项目完成了图书借阅网站系统的表空间的创建，包括永久表空间、临时表空间、撤销表空间及大文件表空间，介绍了表空间的管理操作，包括查询、修改、删除及默认表空间的设置。

本项目重点需要掌握永久表空间、临时表空间的创建，设置默认永久表空间和临时表空间的方法。

项目拓展

1. 使用 SQL 命令创建一个本地管理方式下的自动分区管理的表空间 USERTBS1，其对应的数据文件大小为 20 MB。

2. 使用 SQL 命令创建一个本地管理方式下的表空间 USERTBS2，要求每个分区大小为 512 KB。

3. 修改 USERTBS1 表空间的大小，将该表空间的数据文件修改为自动扩展方式，最大值为 100 MB。

4. 为 USERTBS2 表空间添加一个数据文件，以改变该表空间的大小。

5. 使用 SQL 命令创建一个本地管理方式下的临时表空间 TEMPTBS，并将该表空间作为当前数据库实例的默认临时表空间。

6. 使用 SQL 命令对 USERTBS1 表空间进行联机和脱机状态转换。

7. 删除表空间 USERTBS2，同时删除该表空间的内容及对应的操作系统文件。

8. 查询当前数据库中所有的表空间及其对应的数据文件信息。

9. 指定用户默认表空间为 USERTBS1。

习　题

1. 选择题

(1) 下面的各项中，(　　) 正确描述了 Oracle 数据库的逻辑存储结构。

A. 表空间由段组成，段由盘区组成，盘区由数据块组成

B. 段由表空间组成，表空间由盘区组成，盘区由数据块组成

C. 盘区由数据块组成，数据块由段组成，段由表空间组成

D. 数据块由段组成，段由盘区组成，盘区由表空间组成

(2) 下面关于 Oracle 数据库逻辑结构的描述错误的是 (　　)。

A. 数据库由若干个表空间组成　　B. 表空间由表组成

C. 表由数据块组成　　D. 段由区间组成

(3) Oracle 管理数据库存储空间的最小存储单位是 (　　)。

A. 数据块　　B. 表空间　　C. 表　　D. 区间

(4) Oracle 分配磁盘空间的最小单位是 (　　)。

A. 数据块　　B. 表空间　　C. 表　　D. 区间

(5) 下列不属于 Oracle 表空间的是 (　　)。

A. 大文件表空间　　B. 系统表空间

C. 撤销表空间　　D. 网格表空间

(6) 用于显示所有表空间描述信息的视图为 (　　)。

A. V$TABLESPACE　　B. DBA_TABLESPACES

C. USER_TABLESPACES　　D. TABLESPACE

(7) 在 CREATE TABLESPACE 语句中使用 (　　) 关键字可以创建临时表空间。

A. TEM　　B. BIGFILE

C. TEMPORARY　　D. EXTENT MANAGEMENT LOCAL

(8) 下列表空间可以被设置为脱机状态的是 (　　)。

A. 系统表空间　　B. 撤销表空间

C. 临时表空间　　D. 用户表空间

(9) 撤销用户指定权限的命令是 (　　)。

A. REVOKE　　B. REMOVE RIGHT

C. DROP RIGHT　　D. DELETE RIGHT

(10) 下面不是常用的数据对象权限的是 (　　)。

A. DELETE　　B. REVOKE　　C. INSERT　　D. UPDATE

2. 填空题

(1) Oracle 数据库系统的物理存储结构主要由 3 类文件组成，分别为______________、______________和______________。

(2) 一个表空间物理上对应一个或多个______________。

(3) 在 Oracle 的逻辑存储结构中，______________是最小的 I/O 单元。

(4) 每个数据库都至少有一个系统表空间，被称为______________表空间。

（5）用于显示控制文件中保存的所有表空间的名称和数量的视图是________________。

（6）用于创建表空间的语句是________________。

（7）在 CREATE TABLESPACE 语句中使用关键词________________可以创建大文件表空间。

（8）修改表空间的语句是________________。

（9）在 ALTER TABLESPACE 语句中使用________________关键字，可以设置表空间为脱机状态。

3. 简答题

（1）简述 Oracle 数据库逻辑结构中各要素之间的关系。

（2）简述 Oracle 数据库物理结构中包含的文件类型，以及不同类型文件所能起的作用。

（3）简述 Oracle 表空间的分类。

（4）简述 Oracle 中用户与方案的概念和关系。

（5）简述 Oracle 中 SYS 和 SYSTEM 用户的区别。

项目 4　创建图书借阅网站项目开发用户

4.1　项目分析

Oracle 数据库安装在学校统一的服务器上，该服务器上还承载着教务系统、学生管理系统等数据库项目。服务器的管理与维护由学校统一的管理人员负责。但是，其上运行的不同项目的数据库则需要相应的数据库开发人员来实施，因此，接下来需要为图书借阅网站项目的数据库创建开发用户，并且针对开发任务的要求赋予相应的权限。

要创建图书借阅网站项目的开发用户，需要完成表 4－1 所示的内容。

表 4－1　创建图书借阅网站项目开发用户任务分解

序号	名称	任务内容	目标
1	用户管理	了解 Oracle 11g 用户的创建与管理的方法	为图书借阅项目网站创建开发用户
2	权限管理	了解权限，并为开发用户赋予权限	为图书借阅项目网站创建的开发用户赋予所需的权限
3	角色管理	了解角色的概念，掌握创建与管理角色的方法，并掌握为角色授权和为用户授予角色的方法	为图书借阅项目网站创建角色，通过角色为用户赋予权限

4.2　任务 1—用户管理

4.2.1　用户概述

用户是数据库的使用者和管理者，Oracle 数据库通过设置用户及其安全参数来控制用户对数据库的访问和操作。

在创建 Oracle 数据库时，会自动创建一些用户，包括 SYS、SYSTEM、SCOTT 和 PUBLIC 等，这些账户都是系统账户。

①SYS：是数据库中具有最高权限的数据库管理员，可以启动、修改和关闭数据库，拥有数据字典。

②SYSTEM：是一个辅助的数据库管理员，不能启动和关闭数据库，但可以进行其他一些管理工作，如创建用户、删除用户等。

③SCOTT：是一个用于测试网络连接的用户，其口令为 tiger。

④PUBLIC：实质上是一个用户组，数据库中任何一个用户都属于该用户组。如果要为

数据库中的所有用户都授予某种权限，只需把该权限授予 PUBLIC 用户组就可以了。

【扩展】 方案为数据库对象的集合，包括表、视图、过程等。一个用户一般对应一个方案，该用户的方案名即为用户名，并作为该用户缺省方案。Oracle 数据库中不能单独创建一个方案，要想创建一个方案，只能通过创建一个用户的方法解决。在创建一个用户的同时，为这个用户创建一个与用户名同名的方案并作为该用户的缺省方案，存放该用户创建的所有数据库对象。

4.2.2 创建用户

使用 CREATE USER 语句在数据库中创建新用户，执行该语句的用户必须具有 CREATE USER 权限。CREATE USER 语句基本语法如下：

```
CREATE USER <用户名>
IDENTIFIED BY <口令>
[DEFAULT TABLESPACE <默认表空间>]
[TEMPORARY TABLESPACE <临时表空间>;]
[QUOTA 大小 on 表空间;] -- 限制用户在某个表空间上最多可使用多少字节
[PROFILE 资源文件;] -- 为用户指定各种资源的使用
[PASSWORD EXPIER;] -- 密码过期设置
[ACCOUNT LOCK |UNLOCK;] -- 设置用户初始状态为锁定或不锁定,默认为不锁定
```

【例 4.1】 创建用户 BOOKUSER1，口令为 BOOKUSER1。

```
SQL > CREATE USER BOOKUSER1
  2  IDENTIFIED BY BOOKUSER1;

User created
```

【例 4.2】 创建用户 BOOKUSER，口令为 BOOKUSERUSER，默认永久表空间为 BOOKTBS，在该表空间的配额为 10 MB；默认临时表空间为 BOOKTEMPTBS。

```
SQL > CREATE USER BOOKUSER
  2  IDENTIFIED BY BOOKUSER
  3  DEFAULT TABLESPACE BOOKTBS
  4  QUOTA 10MB ON USERS
  5  TEMPORARY TABLESPACE BOOKTEMPTBS;

User created
```

4.2.3 查看用户

可以通过查询数据字典 ALL_USERS、DBA_USERS、USER_USERS、DBA_TS_QUOTAS、USER_TS_QUOTAS 等获取用户信息。

【例 4.3】 查询当前数据库中所有用户名称及用户默认表空间等信息。

```
SQL > SELECT USERName, default_tablespace,temporary_tablespace
  2  FROM DBA_USERS
  3  WHERE USERNAME = 'BOOKUSER';

USERNAME     DEFAULT_TABLESPACE        TEMPORARY_TABLESPACE
-----------------------------------------------------------------------
BOOKUSER        BOOKTBS                          BOOKTEMPTBS
```

4.2.4　修改用户

使用 ALTER USER 语句进行用户信息的修改。

1. 修改用户密码

【例 4.4】　将用户 BOOKUSER1 的密码修改为 NewPassword。

```
SQL > ALTER USER BOOKUSER1
  2  IDENTIFIED BY NewPassword;

User altered
```

2. 设置密码过期

【例 4.5】　设置用户 BOOKUSER1 的密码立即过期，在下一次登录时必须修改密码。

```
SQL > ALTER USER BOOKUSER1 PASSWORD EXPIRE;

User altered
```

3. 锁定用户

【例 4.6】　锁定用户 BOOKUSER1，使其无法登录到数据库。

```
SQL >ALTER USER BOOKUSER1 ACCOUNT LOCK;
```

4. 解锁用户

【例 4.7】　解除对用户 BOOKUSER1 的锁定。

```
SQL >ALTER USER BOOKEUSER1 ACCOUNT UNLOCK;

User altered
```

5. 修改用户默认表空间

【例 4.8】　修改用户 BOOKUSER 的默认表空间为 BOOKTBS，并指定在该表空间的配额为 20 MB。

```
SQL > ALTER USER BOOKUSER
  2  DEFAULT TABLESPACE BOOKTBS
```

```
  3  QUOTA 20MB ON BOOKTBS;

User altered
```

4.2.5 删除用户

使用 DROP USER 语句也可以删除指定的用户。

【例 4.9】 删除用户 BOOKUSER1。

```
SQL >DROP USER OracleUSER1;

User dropped
```

【例 4.10】 删除用户的同时，删除用户的所有对象。

```
SQL > DROP USER BOOKUSER1 CASCADE;

User dropped
```

4.3 任务 2—权限管理

创建完的图书借阅网站项目数据库用户 BOOKUSER，目前还不能进行数据库操作，因为没有为其授权，接下来就为其授予权限。

权限是指在数据库中执行某种操作的权力，例如连接数据库、在数据库中创建与操作数据库对象等权限。Oracle 中的权限主要分为系统权限与对象权限。

4.3.1 系统权限管理

系统权限是指对整个 Oracle 系统的操作权限，例如连接数据库、创建与管理表或视图等。系统权限一般由数据库管理员授予用户，并允许用户将被授予的系统权限再授予其他用户。

1. Oracle 中的系统权限

通过数据字典 system_privilege_map 可以查看 Oracle 中的系统权限，具体代码如下：

```
SQL > select name from system_privilege_map;
```

其中常用的系统权限见表 4-2。

表 4-2 Oracle 中常用的系统权限

系统权限	说明
create session	创建会话的权限
create tablespace	创建表空间的权限
create user	创建用户的权限

续表

系统权限	说明
create table	为用户创建表的权限
create view	为用户创建视图的权限
create role	创建角色的权限
create procedure	为用户创建存储过程的权限
create any view	为任意用户创建视图的权限
create any table	为任意用户创建表的权限
create any synonym	为任意用户创建同义名的权限
create any sequence	为任意用户创建序列的权限
create any procedure	为任意用户创建存储过程的权限
create any index	为任意用户创建索引的权限
alter tablespace	修改表空间的权限
alter user	修改用户的权限
alter table	修改拥有的表权限
alter sequence	修改拥有的序列权限
grant any privilege	授予任意系统特权的权限
grant any role	授予任意角色的权限
drop tablespace	删除表空间的权限
drop user	删除用户的权限

2. 授予系统权限

使用 GRANT 语句授予用户系统权限语法如下：

```
GRANT SYSTEM_PRIVILEGE[,…] TO
USER_NAME[,…] |ROLE_NAME[,…] |PUBLIC
[WITH ADMIN OPTION];
```

其中：

SYSTEM_PRIVILEGE：系统权限。可以授权多个系统权限，之间用逗号间隔。

USER_NAME：被授权的用户。可以是多个用户，之间用逗号间隔。

ROLE_NAME：被授权的角色。可以将权限授予角色。

PUBLIC：表示 Oracle 系统所有用户。

WITH ADMIN OPTION：此选项用户指定被授权的用户或角色等。可以授予其他用户该权限。

【例 4.11】 授予用户 BOOKUSER 连接数据库的权限。

创建用户之后，只有被授予了连接数据库的权限，该用户才可以连接到 SQL * PLUS 或 PL/SQL Developer 中。未授权之前登录。

```
SQL > CONN BOOKUSER/BOOKUSER;
```

则会报错，提示登录拒绝。具体如图 4－1 所示。

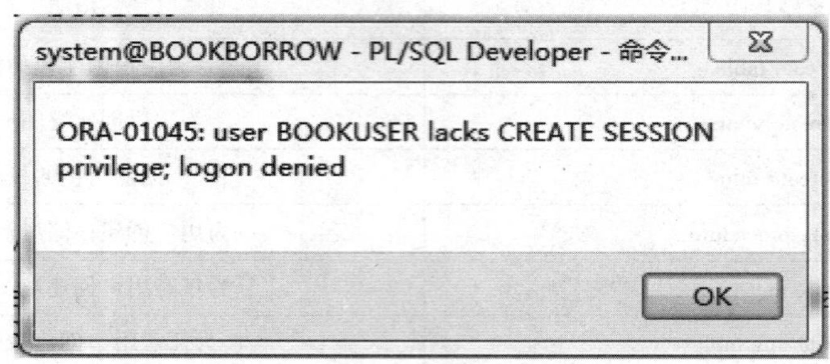

图 4－1　报错

授予用户 BOOKUSER 连接数据库的权限需要管理员进行操作，具体步骤如下：

（1）以管理员的身份连接。

```
SQL > CONN SYS /BOOKBORROW AS SYSDBA;
Connected to Oracle Database 11g Enterprise Edition Release 11.2.0.1.0
Connected as sys AS SYSDBA
```

（2）给用户赋予连接数据库权限。

```
SQL > GRANTCREATE SESSION TO BOOKUSER;


Grant succeeded
```

（3）再次使用用户 BOOKUSER 连接，成功。

```
SQL > CONN BOOKUSER /BOOKUSER;
Connected to Oracle Database 11g Enterprise Edition Release 11.2.0.1.0
Connected as BOOKUSER
```

3. 查看用户的系统权限

可以通过数据字典 user_sys_privs 来查看当前用户拥有的系统权限，以及当前用户是否有权将所拥有的系统权限授予其他用户。

【例 4.12】　查看用户 BOOKUSER 拥有的系统权限。

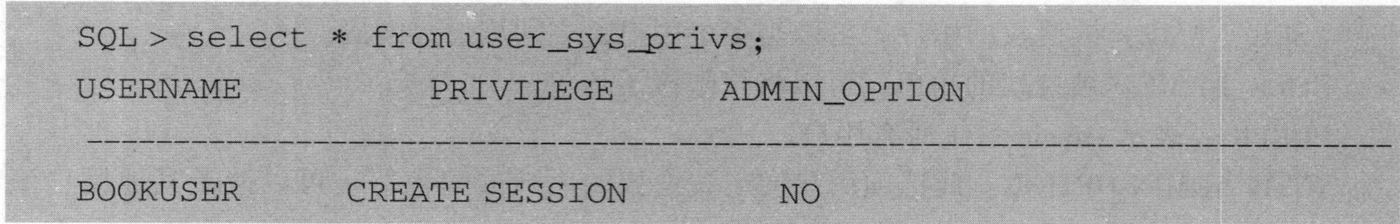

```
SQL > select * from user_sys_privs;
USERNAME            PRIVILEGE        ADMIN_OPTION
---------------------------------------------------------------------------
BOOKUSER      CREATE SESSION          NO
```

其中，USERNAME 为当前用户名，PRIVILEGE 为当前用户拥有的系统权限名，ADMIN_OPTION 为是否允许当前用户将权限授予其他用户，YES 代表可以授权，NO 代表不可以授权。

4. 回收系统权限

回收权限使用 REVOKE 语句，具体回收系统权限的语法如下：

```
REVOKE system_privilege [ , ... ] FROM
{ user_name [ , ... ] | role_name [ , ... ] | PUBLIC } ;
```

【例 4.13】　撤销用户 BOOKUSER 拥有的系统权限。

撤销权限需要系统管理员才能操作，所以，需要切换到管理员进行连接。

（1）以管理员的身份连接。

```
SQL > CONN SYS/BOOKBORROW AS SYSDBA;
Connected to Oracle Database 11g Enterprise Edition Release 11.2.0.1.0
Connected as sys AS SYSDBA
```

（2）给用户赋予连接数据库权限。

```
SQL > REVOKE CREATE SESSION FROM BOOKUSER;


Revoke succeeded
```

（3）再次使用用户 BOOKUSER 连接，失败，报错信息如例 4.11。

```
SQL > CONN BOOKUSER/BOOKUSER;
```

4.3.2　对象权限管理

1. Oracle 中的对象权限

对象权限是指用户对数据库中的对象进行操作的权限。Oracle 中常用的对象权限及适合对象见表 4－3。

表 4－3　Oracle 中常用的对象权限及适合对象关系

对象权限	适合对象
select	table、view、sequence
update	table、view
insert	table、view
delete	table、view
execute	procedure、function、package
index	table
alter	table、sequence
references	table
All	对象上的所有对象权限

2. 授予对象权限

语法如下：

```
GRANT object_privilege [ , ... ] | ALL [ PRIVILEGES ] ON < schema. >
object_name
TO { user_name [ , ... ] | role_name [ , ... ] | PUBLIC }
[ WITH GRANT OPTION ] ;
```

其中：

object_privilege：表示对象权限。注意与对象间的对应关系。

ALL [PRIVILEGES]：代表可以授权对象上的所有对象权限，PRIVILEGES 可以省略。

schema：用户模式。

object_name：对象名称。

WITH GRANT OPTION：允许用户授权其他用户该权限。

【例 4.14】 授权用户 BOOKUSER 查看 SCOTT 用户 emp 表中的数据的对象权限。

（1）未授权前查看 SCOTT 用户 emp 表。

```
SQL > select * from SCOTT.EMP;

select * from SCOTT.EMP
ORA -00942:表或视图不存在
```

出现上述错误，是因为 BOOKUSER 用户不具有对应的权限。

（2）切换管理员登录。

```
SQL > CONN SYS/BOOKBORROW AS SYSDBA;
Connected to Oracle Database 11g Enterprise Edition Release 11.2.0.1.0
Connected as sys AS SYSDBA
```

（3）授权用户 BOOKUSER 查看 SCOTT 用户 emp 表中的数据的对象权限。

```
SQL >GRANT SELECT ON SCOTT.EMP TO BOOKUSER;

Grant succeeded
```

（4）切换到用户 BOOKUSER 连接，然后再次查看 SCOTT 用户 emp 表中的数据，即可看到：

```
SQL >CONN BOOKUSER/BOOKUSER;
Connected to Oracle Database 11g Enterprise Edition Release 11.2.0.1.0
Connected as BOOKUSER
SQL > select * from SCOTT.EMP;

EMPNO ENAME     JOB         MGR  HIREDATE      SAL      COMM   DEPTNO
-----------------------------------------------------------------
7369 SMITH      CLERK       7902 1980/12/17    800.00              20
7499 ALLEN      SALESMAN    7698 1981/2/20    1600.00   300.00     30
7521 WARD       SALESMAN    7698 1981/2/22    1250.00   500.00     30
7566 JONES      MANAGER     7839 1981/4/2     2975.00              20
7654 MARTIN     SALESMAN    7698 1981/9/28    1250.00  1400.00     30
7698 BLAKE      MANAGER     7839 1981/5/1     2850.00              30
```

```
  7782 CLARK      MANAGER    7839 1981/6/9     2450.00           10
  7788 SCOTT      ANALYST    7566 1987/4/19    3000.00           20
  7839 KING       PRESIDENT       1981/11/17   5000.00           10
  7844 TURNER     SALESMAN   7698 1981/9/8     1500.00     0.00  30
  7876 ADAMS      CLERK      7788 1987/5/23    1100.00           20
  7900 JAMES      CLERK      7698 1981/12/3     950.00           30
  7902 FORD       ANALYST    7566 1981/12/3    3000.00           20
  7934 MILLER     CLERK      7782 1982/1/23    1300.00           10
  14 rows selected
```

Oracle 中的对象权限不仅可以针对整个表或视图等对象，当执行 INSERT、UPDATE 及 REFERENCES 操作时，还可以指定针对的表或视图中的列，即授予对象指定列的操作权限。在 object_privilege 后面指定列名，具体语法如下：

```
object_privilege {column_name[,…]}
```

【例 4.15】 授权用户 BOOKUSER 修改 SCOTT 用户 emp 表中 mgr 列（员工对应的领导编号列）数据的对象权限。

（1）未授权列权限前修改 SCOTT 用户 mgr 列值。

```
SQL > update scott.emp  set mgr =7698
  2  where empno =7369;

update scott.emp  set mgr =7698
where empno =7369

ORA -00942:表或视图不存在
```

出现上述错误，是因为 BOOKUSER 用户不具有修改 mgr 列值的对象权限。

（2）切换管理员登录。

```
SQL > CONN SYS/BOOKBORROW AS SYSDBA;
Connected to Oracle Database 11g Enterprise Edition
Release 11.2.0.1.0
Connected as sys AS SYSDBA
```

（3）授权用户 BOOKUSER 查看 SCOTT 用户 emp 表中的数据的对象权限。

```
SQL >GRANT UPDATE(mgr) ON SCOTT.EMP TO BOOKUSER;

Grant succeeded
```

（4）切换到用户 BOOKUSER 连接，然后再次修改 SCOTT 用户 emp 表中 mgr 列数据，修改成功。

```
SQL > CONN BOOKUSER/BOOKUSER;
Connected to Oracle Database 11g Enterprise Edition Release 11.2.0.1.0
Connected as BOOKUSER
SQL > update scott.emp  set mgr =7698
  2  where empno =7369;

1 row updated
```

3. 查看对象权限

Oracle 常用的与对象权限有关的数据字典主要有 4 个：user_tab_privs 和 user_tab_privs_made 主要用于查询已授予的对象权限信息；user_tab_privs_recd 和 user_tab_privs_recd 主要用于查询已接收的对象权限信息。

【例 4.16】 查看用户 BOOKUSER 拥有的对象权限。

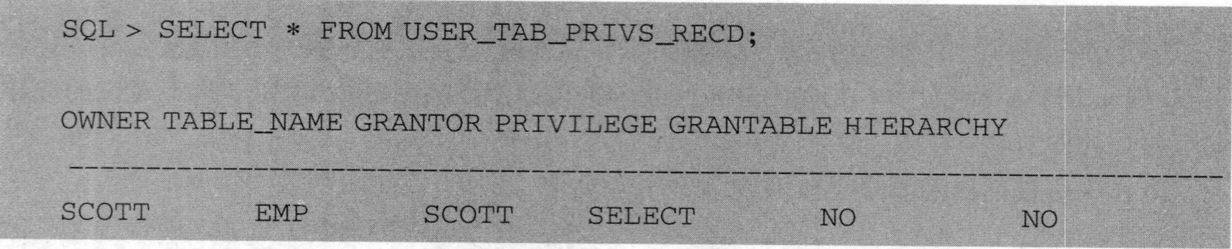

```
SQL > SELECT * FROM USER_TAB_PRIVS_RECD;

OWNER TABLE_NAME GRANTOR PRIVILEGE GRANTABLE HIERARCHY
---------------------------------------------------------------------------
SCOTT        EMP          SCOTT      SELECT         NO            NO
```

其中，OWNER 表示对象的拥有者；TABLE_NAME 表示权限所针对的对象；GRANTOR 表示授权者；PRIVILEGE 表示所授予的对象权限；GRANTABLE 表示用户是否可以将此权限授予其他用户；HIERARCHY 表示权限是否构成层次关系。

```
SQL > SELECT * FROM USER_COL_PRIVS_RECD;

OWNER TABLE_NAME COLUMN_NAME GRANTOR PRIVILEGE GRANTABLE
------------------------------  -------------------------------------------
SCOTT    EMP            MGR          SCOTT      UPDATE          NO
```

其中，COLUMN_NAME 表示权限所针对的列，其余参数同上。

【备注】 如若上述操作查询不出结果，则是在给用户授权之后，没有进行提交操作，因此，没有查到信息。可以再次切换管理员进行授权，之后，使用 COMMIT 进行提交，然后再次进行连接查询，即可查看。

4. 回收对象权限

使用 REVOKE 语句可以撤销用户的角色或权限，语法如下：

```
REVOKE object_privilege [ , ... ] |ALL [privileges]
ON <SCEMA.>object_name
FROM { user_name [ , ... ] | role_name [ , ... ] | PUBLIC } ;
```

【例 4.17】 回收用户 BOOKUSER 查看 SCOTT. EMP 表的对象权限。

（1）切换管理员登录。

```
SQL > CONN SYS/BOOKBORROW AS SYSDBA;
Connected to Oracle Database 11g Enterprise Edition Release 11.2.0.1.0
Connected as sys AS SYSDBA
```

（2）授权用户 BOOKUSER 查看 SCOTT 用户 emp 表中的数据的对象权限。

```
SQL >REVOKE SELECT ON SCOTT.EMP FROM BOOKUSER;

Revoke succeeded
```

4.4 任务3—角色管理

角色是一组相关权限的集合。数据库中的权限较多，为了方便用户权限的管理，Oracle 数据库允许将一组相关的权限授予某个角色，然后再将这个角色授予对应的用户，从而使用用户拥有该角色所包含的所有权限。即可以通过角色进行批量权限的管理。

Oracle 数据库中，角色分为系统预定义角色和用户自定义角色两类。系统预定义角色由系统创建，并由系统进行授权；用户自定义角色由用户定义，并由用户为其授权。

4.4.1 系统预定义角色

系统预定义角色是指在创建 Oracle 数据库时，由系统自动创建的一些常用的角色，这些角色由系统授予了相应的权限。DBA 可以直接利用预定义的角色为用户授权，也可以修改预定义角色的权限。

可以通过数据字典 DBA_ROLES 查询当前数据库中所有预定义角色，通过 DBA_SYS_PRIVS 查询各个预定义角色所拥有的系统权限。

【例 4.18】 查看当前数据库中所有预定义角色。

```
SQL >SELECT ROLE FROM DBA_ROLES;

ROLE
------------------------------
CONNECT
RESOURCE
DBA
…
```

其中，ROLE 为系统预定义的角色名。Oracle 11g 有 55 个系统预定义角色，其中常用的角色：CONNECT 拥有 CREATE SESSION 权限；RESOURCE 拥有 CREATE TABLE、CREATE SEQUENCE 及 CREATE PROCEDURE 等权限；DBA 拥有所有系统权限，且带有 WITH ADMIN OPTION 选项，即可以授权给其他用户。

【例 4.19】 查看 RESOURCE 角色所拥有的系统权限。

```
SQL > select privilege from dba_sys_privs where grantee = 'RESOURCE';

PRIVILEGE
----------------------------------------
CREATE TRIGGER
CREATE SEQUENCE
CREATE TYPE
CREATE PROCEDURE
CREATE CLUSTER
CREATE OPERATOR
CREATE INDEXTYPE
CREATE TABLE
8 rows selected
```

4.4.2 自定义角色

除了系统预定义的角色，Oracle 数据库还允许用户创建自定义角色，实现权限的管理。

1. 创建角色

创建角色需要使用 CREATE ROLE 语句，并要求用户具有 CREATE ROLE 权限。CREATE ROLE 语句的语法如下：

```
CREATE ROLE role_name [ NOT IDENTIFIED | IDENTIFIED BY password ] ;
```

语法说明如下：

- role_name：创建的角色名。
- NOT IDENTIFIED | IDENTIFIED BY password：可以为角色设置口令。默认为 NOT IDENTIFIED，即无口令。

【例 4.20】 创建图书借阅信息网站系统开发角色，并设置该角色的口令。

(1) 切换管理员登录。

```
SQL > CONN SYS/BOOKBORROW AS SYSDBA;
Connected to Oracle Database 11g Enterprise Edition Release 11.2.0.1.0
Connected as sys AS SYSDBA
```

(2) 创建图书借阅信息网站系统开发角色 BOOKROLE，并设置密码为 BOOKROLE。

```
SQL > CREATE ROLE BOOKROLE
  2   IDENTIFIED BY BOOKROLE;

Role created
```

2. 为角色授权

新创建的角色没有任何权限，通过 GRANT 语句可以给角色赋值，语法同给用户授权。

【例 4.21】　给角色 BOOKROLE 赋予 CREATE SESSION 权限。

```
SQL > GRANT CREATE SESSION TO BOOKROLE;

Grant succeeded
```

除了给角色直接赋予权限外，还可以通过角色为角色授权，即将一个角色的权限全部授予另一个角色。这对于多种权限的集中管理非常方便。

【例 4.22】　给角色 BOOKROLE 赋予 RESOURCE 角色所有的全部权限。

```
SQL > GRANT RESOURCE TO BOOKROLE;

Grant succeeded
```

3. 查看角色权限

Oracle 数据库中，数据字典 DBA_ROLE_PRIVS、USER_ROLE_PRIVS、ROLE_ROLE_PRIVS、ROLE_SYS_PRIVS 等保存了角色及其权限信息。

【例 4.23】　查看图书借阅网站系统开发角色 BOOKROLE 所拥有的全部权限。

```
SQL > SELECT ROLE,PRIVILEGE FROM ROLE_SYS_PRIVS
  2  WHERE ROLE = 'BOOKROLE';

ROLE                              PRIVILEGE
--------------------------------------------------------------------------
BOOKROLE                          CREATE SESSION
BOOKROLE                          UNLIMITED TABLESPACE
```

【例 4.24】　查看图书借阅网站系统开发角色 BOOKROLE 所拥有的角色信息。

```
SQL > SELECT ROLE,GRANTED_ROLE FROM ROLE_ROLE_PRIVS
  2  WHERE ROLE = 'BOOKROLE';

ROLE                              GRANTED_ROLE
---------------------------------------------------------------
BOOKROLE                          RESOURCE
```

4. 用户角色管理

(1) 为用户授予角色。

为用户授予角色，则该用户就拥有了授权角色的全部权限。

【例 4.25】　为图书借阅网站系统开发用户 BOOKUSER 赋予对应的开发角色 BOOKROLE。

```
SQL > GRANT BOOKROLE TO BOOKUSER;

Grant succeeded
```

（2）查看用户拥有的角色。

Oracle 系统中，可以通过 DBA_ROLE_PRIVS、USER_ROLE_PRIVS 等数据字典查看用户所拥有的角色。

【例 4.26】 查看图书借阅网站系统开发用户 BOOKUSER 的角色。

```
SQL > select grantee,granted_role from dba_role_privs
  2  where grantee = 'BOOKUSER';

GRANTEE                        GRANTED_ROLE
------------------------------------------------------------
BOOKUSER                       BOOKROLE
```

（3）修改用户默认角色。

为用户授予某个角色后，则该角色就属于这个用户的默认角色。用户连接到数据库时，Oracle 会自动启用该用户的所有默认角色。可以设置用户的默认角色状态，也可以激活或屏蔽用户的默认角色。语法如下：

```
ALTER USER USER_NAME
DEFAULT ROLE [ROLE_NAME] |[ALL [EXCEPT ROLE_NAME]] |[NONE]
```

语法说明如下：

[ROLE_NAME]：指定默认的角色名。

[ALL [EXCEPT ROLE_NAME]]：指定默认角色为除了指定名称的角色外的所有角色。

[NONE]：屏蔽所有角色。

①屏蔽用户的所有角色。

【例 4.27】 屏蔽图书借阅网站系统开发用户 BOOKUSER 的角色。

```
SQL > ALTER USER BOOKUSER DEFAULT ROLE NONE;

User altered
```

②激活用户的某些角色。

【例 4.28】 激活图书借阅网站系统开发用户 BOOKUSER 的角色 BOOKROLE。

```
SQL > ALTER USER BOOKUSER DEFAULT ROLEBOOKROLE;

User altered
```

③激活用户的所有角色。

【例 4.29】 激活图书借阅网站系统开发用户 BOOKUSER 的所有角色。

```
SQL > ALTER USER BOOKUSER DEFAULT ROLEALL;

User altered
```

（4）回收用户角色。

如果不想用户再拥有某角色的权限，则可以回收角色。

【例4.30】 回收图书借阅网站系统开发用户BOOKUSER的开发角色BOOKROLE。

```
SQL > REVOKE BOOKROLE FROM BOOKUSER;

Revoke succeeded
```

5. 修改角色

可以使用ALTER ROLE语句修改角色口令。

【例4.31】 修改图书借阅网站系统开发角色BOOKROLE的口令。

```
SQL >ALTER ROLE BOOKROLE
  2  IDENTIFIED BY BOOKBORROWROLE;

Role altered
```

6. 删除角色

不再需要某个角色时，可以删除角色。角色被删除后，用户所拥有的该角色的所有权限将被回收。

【例4.32】 删除图书借阅网站系统开发角色BOOKROLE。

```
SQL > DROP ROLE BOOKROLE;

Role dropped
```

项目小结

本项目完成了图书借阅网站系统的用户及角色的创建，包括用户的创建、管理及角色的创建和管理，核心即为用户分配所需要的权限，实现系统开发，保证了数据库系统的安全性。

项目拓展

1. 创建一个图书借阅网站系统开发者的角色BOOKBORROW_DEVELOPER_ROLE，将系统开发所需权限授予该角色。

（1）创建角色BOOKBORROW_DEVELOPER_ROLE。

（2）赋予角色CONNECT和RESOURCE角色。

（3）赋予角色CREATE VIEW系统权限。

2. 创建一个用于图书借阅网站系统开发的用户BOOKBORROW_DEVELOPER，授予角色BOOKBORROW_DEVELOPER_ROLE。

（1）创建用户BOOKBORROW_DEVELOPER，密码为BOOKBORROW_DEVELOPER，默

认表空间为 BOOKTBS，默认临时表空间为 BOOKTEMPTBS，两个表空间的配额都为 10 MB。

（2）赋予 BOOK_DEVELOPER_ROLE 角色。

3. 创建一个图书借阅网站系统普通的用户角色 BOOKBORROW_USRE_ROLE，授予图书借阅网站系统的对象查询权限。

（1）以 BOOKBORROW_DEVELOPER 用户连接。

（2）创建图书借阅网站系统表 BOOK。

（3）以管理员 SYS 身份连接。

（4）创建普通用户角色 BOOKBORROW_USRE_ROLE。

（5）授予 BOOKBORROW_USRE_ROLE 查看 BOOK 表的权限。

4. 创建一个图书借阅网站系统普通用户 BOOKBORROW_USRE，授予 BOOKBORROW_USRE_ROLE 角色及 CREATE SESSION 权限。

（1）创建用户 BOOKBORROW_USRE，密码为 BOOKBORROW_USRE。

（2）授予 BOOKBORROW_USRE_ROLE 角色。

（3）授予 CREATE SESSION 权限。

习　题

1. 选择题

（1）创建用户命令中，DEFAULT TABLESPACE 子句用于指定（　　）位置。

A. 用户创建的数据库对象　　B. 用户创建的临时对象

C. 用户创建的系统对象　　D. 以上都不是

（2）资源文件中 SESSIONS_PER_USER 用于限制（　　）资源的使用。

A. 数据库的并发会话数量　　B. 每用户会话数量

C. 每用户进程数量　　D. 以上都不是

（3）（　　）参数限制用户在断开前的最大空闲时间。

A. IDLE_TIME　　B. DISCONNECT_TIME

C. CONNECT_TIME　　D. 以上都不是

（4）使用 ALTER USER 命令时，以下子句有错误的是（　　）。

A. ADD QUOTA　5M　　B. IDENTIFIED BY usera

C. DEFAULT TABLESPACE SYSTEM　　D. 以上都不是

（5）（　　）视图包含所有概要文件的资源使用参数。

A. DBA_PROFILE　　B. DBA_PROFILES

C. DBA_USERS　　D. DBA_RESOURCES

（6）以下不是系统权限的是（　）。

A. SELECT　　B. UPDATE ANY

C. CREATE VIEW　　D. CREATE SESSION

（7）创建用户的命令中，（　　）子句限制用户对象在数据库中占用的空间。

A. SIZE　　B. NEXT_EXTENT

C. MAX_EXTENTS　　D. QUOTA

(8) 对表空间配额的分配限制了（　　）操作。

A. UPDATE　　B. DELETE　　C. CREATE　　D. 以上都是

(9) 概要文件不能限制（　　）资源使用。

A. CPU 占用时间　　B. 最大数据库连接时间

C. 最大会话空闲时间　　D. 读取数据块时间

(10) 以下（　　）不是角色。

A. CONNECT　　B. DBA

C. RESOURCE　　D. CREATE SESSION

2. 简答题

(1) Oracle 数据库中的权限有哪几种？

(2) Oracle 数据库中给用户授权的方法有哪几种？如何实现？

(3) Oracle 数据库利用角色进行用户权限管理有何优点？

项目 5　创建图书借阅网站项目表及约束

5.1　项目分析

创建图书借阅网站系统开发用户，并设置了系统永久表空间和默认表空间，接下来就可以进行系统的开发，进而实现数据的管理操作，所以，本项目就是要实现系统表的创建和管理及约束的使用。

具体任务分解见表 5-1。

表 5-1　创建图书借阅网站项目开发用户任务分解

序号	名称	任务内容	目标
1	创建表	掌握创建的方法，合理选取数据类型	为图书借阅项目网站创建表
2	使用约束	掌握约束的使用，合理设置约束	为图书借阅项目网站表设置约束
3	管理表	了解表的修改操作，掌握常用修改表的方法	管理图书借阅项目网站表

5.2　任务 1—创建表

Oracle 数据库是关系型数据库，数据存储在二维表中。表由行和列组成，一行对应一个实体，称为记录、元组；一列对应实体的一个属性，称为字段。

创建表需要使用 CREATE TABLE 语句，其语法如下：

```
CREATE TABLE [ schema. ] table_name(
column_name data_type [ DEFAULT expression ]
[ [ CONSTRAINT constraint_name ] constraint_def ]
[ , ... ]
)[ TABLESPACE tablespace_name ];
```

其中：

- schema.：指定表所属的用户名。
- column_name：列名，多个列之间使用逗号间隔。需要注意表中最后一列不需要使用逗号。列名必须唯一。
- data_type：列的数据类型。
- DEFAULT expression：设置列的默认值。在插入数据时，如果未插入该列值，则使用默认值；如果插入该列值，则使用插入值。

- DEFAULT expression：设置约束名。不设置约束名，则系统会自动创建默认约束名。
- constraint_def：指定列级约束。
- TABLESPACE tablespace_name：指定表存储的表空间。不指定则为默认表空间。

5.2.1 数据类型

创建表的语法中，每列都需要指定数据类型。Oracle 中常用数据类型如下：

1. 字符数据类型

（1）CHAR 类型。

CHAR 数据类型存储固定长度的字符值。一个 CHAR 数据类型可以包括 1 ~ 2 000 个字符。如果没有对 CHAR 明确地说明长度，则它的默认长度设置为 1。如果对某个 CHAR 类型变量赋值，其长度小于规定的长度，那么 Oracle 自动用空格填充。

（2）VARCHAR2 类型。

VARCHAR2 数据类型是一种可变长度的、有最大长度的字符型数据。虽然也必须指定一个 VARCHAR2 数据变量的长度，但是这个长度是指对该变量赋值的最大长度，而非实际赋值长度。不需要用空格填充。最多可设置为 4 000 个字符。

VARCHAR2 同 CHAR 的区别：CHAR 的长度是固定的，而 VARCHAR2 的长度是可以变化的，比如，存储字符串“abc”，对于 CHAR（20），表示存储的字符将占 20 个字节（包括 17 个空字符），而 VARCHAR2（20）则只占用 3 个字节的长度，20 只是最大值，当存储的字符小于 20 时，按实际长度存储。CHAR 的效率比 VARCHAR2 的效率稍高。

（3）NCHAR 和 NVARCHAR2 类型。

NCHAR 和 NVARCHAR2 数据类型分别存储固定长度与可变长度的字符数据，但是它们使用的是和数据库其他类型不同的字符集。在创建数据库时，需要指定所使用的字符集，以便对数据库中的数据进行编码。还可以指定一个辅助的字符集（即本地语言集（National Language Set，NLS））。NCHAR 和 NVARCHAR2 类型的列使用辅助字符集。

（4）LONG、CLOB 和 NCLOB 类型。

LONG 数据类型可以存放 2 GB 的字符数据，它是从早期版本中继承来的。现在如果想存储大容量的数据，Oracle 推荐使用 CLOB 和 NCLOB 数据类型。在表和 SQL 语句中使用 LONG 类型有许多限制。

CLOB 和 NCLOB 数据类型可以存储多达 4 GB 的字符数据。NCLOB 数据类型可存储 NLS 数据。

2. 数值数据类型

在 Oracle 系统中，数值类型可以用于存储整数、浮点数及实数。NUMBER 数据类型具有精度（precision）和范围（scale）。

NUMBER 数据类型可以有两个限定符，如：

```
column NUMBER( precision, scale)
```

①precision 表示数字中的有效位，可以是 1 ~ 38 个数字之间的任何值。如果没有指定 precision，Oracle 将使用 38 作为精度。

②scale 表示数字小数点右边的位数，取值可以是 0 ~ 3，scale 默认设置为 0。如果把 scale 设成负数，Oracle 将把该数字取舍到小数点左边的指定位数。

【例 5.1】 number 数据类型的使用。

①number：当没有规定精度或范围的数值时，指的是 number(38)，最大取值范围。

```
SQL > CREATE TABLE TEST_Number1
  2 (
  3  Id Number
  4  );

Table created
```

②number(9,2)：共 9 位数字，整数最多 7 位，小数最多 2 位，小数多的部分四舍五入。

```
SQL > CREATE TABLE TEST_Number2
  2 (
  3  Id Number(9,2)
  4  );

Table created
```

③number(3)：小于等于 3 位的整数。

```
SQL > CREATE TABLE TEST_Number3
  2 (
  3  Id Number(3)
  4  );

Table created
```

3. 日期数据类型

DATE 用于存储表中的日期和时间数据，Oracle 使用自己的格式存储日期，使用 7 个字节固定长度，每个字节分别存储世纪、年、月、日、小时、分和秒。日期数据类型的值从公元前 4712 年 1 月 1 日到公元 9999 年 12 月 31 日。Oracle 中的 SYSDATE 函数用于返回当前的日期和时间。

DATE 数据类型的主要问题是它不能够区别出两个事件哪个先发生。Oracle 已经在 DATE 数据类型上扩展出了 TIMESTAMP 时间戳数据类型，它包括了所有 DATE 数据类型的年、月、日、时、分、秒的信息，并且包括了小数秒、时区的信息。

【例 5.2】 创建日期字段。SQL 语句如下：

```
SQL > CREATE TABLE TEST_DATE1
  2 (
  3  dat   date
```

```
  4  );

Table created
```

插入数据：

```
SQL > Insert into TEST_DATE1 values('02 -2 月 -89');
SQL > Insert into TEST_DATE1 values(date '1980 -3 -24')
```

【例5.3】　创建日期时间字段。SQL语句如下：

```
SQL > CREATE TABLE TEST_TIMESTAMP
  2  (
  3  dattime   timestamp
  4  );

Table created
```

插入系统当前时间：

```
SQL > Insert into TEST_TIMESTAMP values(sysdate);
SQL > select * from TEST_TIMESTAMP;
```

结果为（显示信息为日 - 月 年 小时.分.秒.毫秒）：

```
        DAT
 ----------------------------------------
25 -9 月  -18 06.48.27.000000 下午
```

4. RAW和LONG RAW类型

RAW和LONG RAW数据类型主要用于对数据库进行解释。指定这两种类型时，Oracle以位的形式来存储数据。RAW数据类型一般用于存储有特定格式的对象，如位图。RAW数据类型可占用2 KB的空间，而LONG RAW数据类型则可以占用2 GB大小。

5.2.2　创建表

图书借阅网站系统数据库BOOK表和BOOKTYPE表的表结构设计见表5-2和表5-3。

表5-2　图书信息表——BOOK表

列名	数据类型	说明
ISBN	Char(13)	图书编号
BookNo	Varchar2(20)	图书的索书号
BookName	Varchar2(30)	图书的书名
BookWriter	Varchar2(20)	图书作者
BookPublish	Varchar2(20)	图书出版社
Price	Number(6,2)	图书的单价
PublishDate	Date	出版日期
BookTypeID	Number(6)	图书类型编号

表 5-3　图书类别信息表——BOOKTYPE 表

列名	数据类型	说明
BookTypeID	Number(6)	图书类型编号
BookTypeName	Varchar2(30)	图书类型名称
des	Varchar2(200)	说明

以管理员身份连接，赋予图书借阅网站系统开发用户 BOOKUSER 创建表的权限，然后再次以 BOOKUSER 登录，创建表。具体步骤如下：

1. 以管理员连接

```
SQL > CONN SYS/BOOKBORROW AS SYSDBA;
Connected to Oracle Database 11g Enterprise Edition Release 11.2.0.1.0
Connected as sys AS SYSDBA
```

2. 授予 BOOKUSER 用户 CREATE TABLE 权限

```
SQL > GRANT CREATE TABLE TO BOOKUSER;

Grant succeeded
```

3. 提交事务，永久保存操作结果

```
SQL > COMMIT;

Commit complete
```

4. 切换为 BOOKUSER 连接

```
SQL > conn BOOKUSER/BOOKUSER;
Connected to Oracle Database 11g Enterprise Edition Release 11.2.0.1.0
Connected as BOOKUSER
```

5. 创建图书信息表 BOOK 和 BOOKTYPE

```
SQL > CREATE TABLE BOOK
  (
        ISBN CHAR(13),
        BookNo VARCHAR2(20),
        BookName VARCHAR2(30),
        BookWriter Varchar2(20),
        BookPublish Varchar2(20),
        Price Number(6,2),
        PublishDate Date,
        BookTypeID Number(6)
```

```
 );

Table created
SQL > CREATE TABLE BOOKTYPE
 (
        BookTypeID Number(6),
        BookTypeName Varchar2(30),
        des Varchar2(200)
 );

Table created
```

5.3　任务2—使用约束

5.3.1　约束概述

在创建表的语句中还可以创建约束。在 Oracle 系统中，可以使用声明型完整性约束和参照完整性约束，来确保数据的正确。Oracle 使用完整性约束防止不合法的数据进入数据表中。管理员和开发人员可以定义完整性规则，增强业务规则，限制数据表中的数据。如果一个 DML 语句执行的任何结果破坏了完整性约束，Oracle 会回滚语句，返回错误信息，取消本次操作。

关系中的数据完整性：

①实体完整性：区分不同的实体，保证实体唯一性。

②域完整性：指定一组对列有效的数据值，并确定是否允许有空值。

③参照完整性：不允许关系引用不存在的元组。

采用约束来实现上述的完整性，常用约束类型如下：

①非空约束；

②主键约束；

③外键约束；

④唯一约束；

⑤默认值约束；

⑥检查约束。

5.3.2　非空约束

非空约束表示该列的值不能为空。在插入数据时，必须为该列提供值。关键词是 NOT NULL。

【例 5.4】　创建表 Reader_NULL，要求 Name 列不允许出现空值。SQL 语句如下：

```
SQL > CREATE TABLE Reader_NULL
    (
    Id          Number,
    Name         Varchar2(40)   NOT NULL,
    Type         Number(1),
    Phone         Char(11),
    Pwd          Varchar2(40),
    Age          Number(2)
    );

Table created
```

5.3.3 主键约束

主键（PRIMARY KEY）是一个字段或者是若干个字段的组合，可以作为表中的数据行的唯一标识。一个表最多可以有一个主键。主键列可以是一列，也可以是多列，一列的主键称为单列主键，多列主键称为复合主键。主键的特点如下：

①一个表最多只能有一个主键约束。

②用作主键的列或列的组合必须是唯一的（主键最多 32 列）。

③主键列不能为空。

【例 5.5】 创建表 Reader_PK，要求将 Id 列设置为单列主键。SQL 语句如下：

```
SQL > CREATE TABLE Reader_PK
    (
    Id          Number    PRIMARY KEY,
    Name         Varchar2(40),
    Type         Number(1),
    Phone        Char(11),
    Pwd         Varchar2(40),
    Age           Number(2)
    );
Table created
```

【例 5.6】 创建表 Reader_PK1，要求将 Name 列和 Phone 列设置为复合主键。SQL 语句如下：

```
SQL > CREATE TABLE Reader_PK1
    (
      Id          Number,
      Name         Varchar2(40),
      Type          Number(1),
```

```
        Phone       Char(11),
        Pwd         Varchar2(40),
        Age         Number(2),
        PRIMARY   KEY(Name,Phone)
      );
Table created
```

5.3.4　外键约束

外键（FOREIGN KEY）用于引用本表或另一个表中的一列或多列。外键的特点如下：

①被引用的列或列组应该具有主键约束或唯一约束。

②外键列的取值只能为被引用列的值或 NULL 值。

③可以为一个列或一组列定义外键约束。

【例5.7】　创建表 ReaderType_PK 及 Reader_FK，其中，ReaderTYPE_PK 表中的 Id 列为主键，Reader_FK 表中的 Type 为与之对应的外键。SQL 语句如下：

```
SQL > CREATE TABLE ReaderType_PK
   (
          Id          Number(1)     PRIMARY KEY,
          name       Varchar2(30)
   );

Table created
```

先创建 ReaderTYPE_PK，设置主键列，再创建 Reader_FK 表，设置外键列。

```
SQL > CREATE TABLE Reader_FK
   (
          Id        Number,
          Name      Varchar2(40),
          Type      Number(1)     REFERENCES ReaderType_PK(Id),
          Phone     Char(11),
          Pwd       Varchar2(40),
          Age       Number(2)
   );

Table created
```

5.3.5　唯一约束

唯一约束（UNIQUE）保证在一个字段或者一组字段里的数据与表中其他行的数据相比是唯一的。特点如下：

①确保列值唯一性，允许有唯一的 NULL 值。

②可以建立多个唯一性列。

【例 5.8】 创建表 Reader_UNIQUE，确保读者电话不重复。SQL 语句如下：

```
SQL > CREATE TABLE Reader_UNIQUE
  2  (
  3         Id       Number,
  4         Name     Varchar2(40),
  5         Type     Number(1),
  6         Phone    Char(11)    UNIQUE,
  7         Pwd      Varchar2(40),
  8         Age      Number(2)
  9  );

Table created
```

5.3.6 默认值约束

使用 DEFAULT 约束设置默认值。缺省约束是在插入数据时，如果没有为某列提供值，而在该列上定义了缺省约束，则 Oracle 自动将缺省值插入该列中。

【例 5.9】 创建表 USERS，设置 Pwd 的默认值为 111111，SQL 语句如下：

```
SQL > CREATE TABLE Reader_UNIQUE
  2  (
  3         Id       Number,
  4         Name     Varchar2(40),
  5         Type     Number(1),
  6         Phone    Char(11),
  7         Pwd      Varchar2(40)      DEFAULT('111111'),
  8         Age      Number(2)
  9  );

Table created
```

5.3.7 检查约束

使用 CHECK 约束限定某列值的取值范围。它允许声明在某个字段里的数值必须满足一个布尔表达式。

【例 5.10】 创建表 Reader_CHECK，确保读者年龄为 17 ~ 26 岁之间。SQL 语句如下：

```
SQL > CREATE TABLE Reader_CHECK
(
      Id       Number,
      Name     Varchar2(40),
      Type     Number(1),
      Phone    Char(11),
      Pwd      Varchar2(40),
      Age  Number(2)
           CONSTRAINTCK_Reader_CHECK CHECK(Age > =17 AND Age  < =26 ),
);

Table created
```

其中，CONSTRAINT CK_Reader_CHECK 为自定义的 CHECK 约束的名称。

5.3.8　禁用和激活约束

在添加约束时或添加约束后，都可以设置约束的状态。约束有如下两种状态。

①激活状态（ENABLE）：约束只有处于激活状态时，才会起到约束的作用。如果操作与约束冲突，则该操作将被禁止执行。默认为此状态。

②禁用状态（DISABLE）：如果约束处于禁用状态，则该约束将不起任何作用，即使操作与约束冲突，也会被执行。

③在创建表时设置约束的状态，形式如下：

```
column_name1 data_type [ CONSTRAINT constraint_name ] constraint_type
DISABLE | ENABLE
```

修改表中已存在约束状态：

```
Alter table table_name enable |disable constraint Constraint_name;
```

或

```
Alter table table_name modify constraint Constraint_name enable |
disable;
```

【例5.11】　禁用和激活 Reader_CHECK 中的 CK_Reader_CHECK 约束。SQL 语句如下：

（1）禁止检查约束：使 CK_Reader_CHECK 约束失效。

```
SQL >ALTER TABLEReader_CHECK
DISABLE CONSTRAINT CK_Reader_CHECK;

Table altered
```

（2）激活检查约束：使 CK_Reader_CHECK 约束生效。

```
SQL >ALTER TABLEReader_CHECK
  2  ENABLE CONSTRAINT CK_Reader_CHECK

Table altered
```

5.4 任务3—管理表

在创建表时，不可能知道在它们所支持的应用的生命期内，施加给这些表的所有要求。在 Oracle 数据库中创建表并不困难，但是通过一次尝试就创建一个完美的表几乎是不可能的。当表创建之后，在使用过程中，经常需要进行修改。

修改表可以使用 ALTER TABLE 命令，语句的基本语法为：

```
ALTER TABLEtable
[ADD new_column datatype [constraint] ] |
[MODIFY column datatype ] |
[SET UNUSED COLUMN column] |
[SET UNUSED COLUMNS(column1,column2…)] |
[DROP  COLUMN column] |
[DROP  (column1,column2…) ] |
[DROP  UNUSED  COLUMNS] |
[RENAME  COLUMN oldname TO newname] |
[RENAME TO new_table]
```

其中：

ADD new_ column datatype [constraint]：添加列，同时指定新列的数据类型，约束可选。

MODIFYcolumn datatype：修改原有列的数据类型。

SET UNUSED COLUMN column [SET UNUSED COLUMNS (column1, column2…)]|：将某一列或几列设置为不可用。为了避免数据库使用高峰删除列占用过多资源，Oracle 数据库中，可以先将要删除的列设置为不可用，使该列在形式上相当于删除，但仍保留在数据库中，即查询该列不存在，但仍占用存储空间，待相对空闲时，再执行删除，释放其占用的存储空间。

DROP COLUMNcolumn|[DROP (column1, column2…)]：删除一列或几列。

DROP UNUSED COLUMNS：删除不可用列。

RENAME COLUMN oldname TO newname：更改列名。

RENAME TO new_table：更改表名。

5.4.1 增加、修改及删除列

1. 增加列

创建图书借阅网站系统管理员表 USERS：

```
SQL > CREATE TABLE USERS
  (
    ID       Number(6),
    Name     char(10),
    Pwd      Varchar2(30)
  );

Table created
```

【例5.12】 在表 USERS 中添加一个列 tmpcol：

```
SQL > ALTER TABLE USERS
  ADD (tmpcol NUMBER(5,2));

Table altered
```

查看表结构语句：

```
SQL > DESCUSERS;
```

运行结果如下：

```
Name              Type          Nullable  Default  Comments
-------------------------------------------------------------
ID                NUMBER(6)      Y
NAME              CHAR(10)       Y
PWD               VARCHAR2(30)   Y
TMPCOL            NUMBER(5,2)    Y
```

2. 修改列名

【例5.13】 将表 USERS 中 tmpcol 列的名称修改为 tmpcol_1：

```
SQL > ALTER TABLE USERS RENAME COLUMN tmpcol TO tmpcol_1;

Table altered
```

查看表结构，tmpcol 列名变为 tmpcol_1，具体如下：

```
SQL > DESCUSERS;
```

运行结果如下：

```
Name              Type          Nullable  Default  Comments
-------------------------------------------------------------
ID                NUMBER(6)      Y
NAME              CHAR(10)       Y
```

```
PWD           VARCHAR2(30)     Y
TMPCOL_1       NUMBER(5,2)     Y
```

3. 更改某列的数据类型

【例 5.14】　将表 USERS 中 TMPCOL_1 列的数据类型修改为 number(5)：

```
SQL >ALTER TABLE USERS MODIFY(TMPCOL_1 number(5));
```

上述操作需要注意，此处 TMPCOL_1 必须为大写，因为存储在 Oracle 系统的对象名都是大写，此处查找列名进行修改，要进行列名的比较，因此，必须和系统存储的名一致，才能检索到。

再次查看表结构，TMPCOL_1 的数据类型变为 NUMBER(5)，具体如下：

```
SQL >DESCUSERS;
```

运行结果如下：

```
Name               Type          Nullable  Default  Comments
-------------------------------------------------------------------
ID             NUMBER(6)         Y
NAME           CHAR(10)          Y
PWD           VARCHAR2(30)       Y
TMPCOL_1       NUMBER(5)         Y
```

4. 将列设置为不可用

【例 5.15】　将表 USERS 中的列 TMPCOL_1 设置为不可用：

```
SQL >ALTER TABLE USERS SET UNUSED(tmpcol_1);

Table altered
```

查看表结构，看不到 TMPCOL_1 列：

```
SQL >DESCUSERS;
```

运行结果如下：

```
Name               Type          Nullable  Default  Comments
-------------------------------------------------------------------
ID             NUMBER(6)         Y
NAME           CHAR(10)        Y
PWD           VARCHAR2(30)     Y
```

对于用户设置的不可用列，可以通过数据字典 USER_UNUSED_COL_TABS 进行查看，语句如下：

```
SQL > select * from USER_UNUSED_COL_TABs;
```

运行结果如下：

```
TABLE_NAME                                    COUNT
 ------------------------------------------------
USERS                                           1
```

其中，TABLE_NAME 为表名；COUNT 为该表中包含不可用列的数量。

5. 删除不可用的列

【例 5.16】　删除表 USERS 中所有的不可用列：

```
SQL >ALTER TABLE USERS DROP UNUSED COLUMNS;

Table altered
```

此时查看不可用列的情况：

```
SQL > select * from USER_UNUSED_COL_TABs;
```

运行结果如下，再没有不可用列：

```
TABLENAME                                    COUNT
 ------------------------------------------------
```

6. 删除列

【例 5.17】　将表 USERS 中的列 Pwd 删除：

```
SQL >ALTER TABLE USERS DROP COLUMN Pwd;

Table altered
```

5.4.2　重命名表

【例 5.18】　将表 USERS 的名称修改为 USERS1：

```
SQL >ALTER TABLE USERS RENAME TO USERS1;
```

5.4.3　设置约束

创建表的时候，如果没有考虑到约束，可以在创建表之后，修改表进行约束的设置。修改5.2.2 节创建的 BOOK 表和 BOOKTYPE 表设置约束，具体约束要求见表5－4 和表5－5。

表5－4　图书信息表——BOOK

列名	数据类型	约束	说明
ISBN	Char(13)	主键	图书编号
BookNo	Varchar2(20)	唯一	图书的索书号
BookName	Varchar2(30)	非空	图书的书名

续表

列名	数据类型	约束	说明
BookWriter	Varchar2(20)		图书作者
BookPublish	Varchar2(20)	默认清华大学出版社	图书出版社
Price	Number(6, 2)	单价小于200	图书的单价
PublishDate	Date		出版日期
BookTypeID	Number(6)	外键	图书类型编号

表 5-5　图书类别信息表——BOOKTYPE

列名	数据类型	约束	说明
BookTypeID	Number(6)	主键	图书类型编号
BookTypeName	Varchar2(30)		图书类型名称
des	Varchar2(200)		说明

1. 设置非空约束

【例 5.19】　为表 BOOK 的 BookName 列设置非空约束：

```
SQL >ALTER TABLE BOOK MODIFY BookName NOT NULL;
```

2. 设置主键约束

【例 5.20】　为表 BOOK 的 ISBN 列设置主键约束：

```
SQL >ALTER TABLE BOOK add primary key(ISBN);
```

3. 设置外键约束

【例 5.21】　为表 BOOKTYPE 的 BookTypeID 列设置主键约束，并设置 BOOK 表中 BookTypeID 列外键约束：

```
SQL >ALTER TABLE BOOKTYPE add primary key(BookTypeID);
SQL > ALTER TABLE BOOKADD FOREIGN KEY (BookTypeID)
  2  REFERENCES BOOKTYPE (BookTypeID) ;
```

4. 设置唯一约束

【例 5.22】　为表 BOOK 的 BOOKNO 列设置唯一约束：

```
SQL >ALTER TABLE BOOK add unique(BOOKNO);
```

5. 缺省约束

【例 5.23】　为表 BOOK 的 BOOKPUBLISH 列设置缺省约束，默认值为清华大学出版社：

```
SQL >ALTER TABLE BOOK MODIFY BOOKPUBLISH DEFAULT('清华大学出版社');
```

6. 检查约束

【例 5.24】　在 BOOK 表的 PRICE 列设置约束，要求单价不超过 200。

```
SQL >ALTER TABLE BOOK ADD CHECK(PRICE <200);
```

5.4.4　删除表

如果表不再需要，可以使用 DROP TABLE 语句将其删除。如果要删除的表中包含被其他表外键引用的主键列或唯一性约束列，并且希望在删除该表的同时删除其他表中相关的外键约束，则需要使用 CASCADE CONSTRAINTS 子句。

【例 5.25】　删除 USERS 表。

```
SQL >DROP TABLE USERS CASCADE CONSTRAINTS;
```

在 Oracle 数据库中，使用 DROP TABLE 语句删除一个表时，通常并不立即回收该表的空间，只是将表及其关联对象的信息重命名后写入一个称为“回收站”（RECYCLEBIN）的逻辑容器中，从而可以实现表的闪回删除（FLASHBACK DROP）操作。如果要回收该表的存储空间，可以清空“回收站”（PURGE RECYCLEBIN）或在 DROP TABLE 语句中使用 PURGE 语句。例如：

【例 5.26】　删除 USERS 表。

```
SQL >DROP TABLE USERS CASCADE CONSTRAINTS PURGE;
```

项目小结

本项目完成了图书借阅项目网站系统的数据库表的创建，以及常用约束的设置。通过本项目的实施，讲授了表的创建和管理方法、约束的分类及约束的使用。

本项目需要重点掌握数据类型的合理使用、表的创建方法，以及常用约束的选择及使用方法。

项目拓展

完成图书借阅网站系统全部表的创建任务，具体如下：

1. 图书表 BOOK

表结构及约束要求见表 5－6。

表 5－6　图书表 BOOK

列名	数据类型	约束	说明
ISBN	Char(13)	主键	图书编号
BOOKNO	Varchar2(20)	唯一	图书的索书号
BOOKNAME	Varchar2(30)	非空	图书的书名
BOOKWRITER	Varchar2(20)		图书作者
BOOKPUBLISH	Varchar2(20)	默认清华大学出版社	图书出版社
PRICE	Number(6，2)	单价小于 200	图书的单价
PUBLISHDATE	Date		出版日期
BOOKTYPEID	Number(6)	外键	图书类型编号

2. 图书类别信息表 BOOKTYPE

表结构及约束要求见表 5－7。

表 5－7 图书类别信息表 BOOKTYPE

列名	数据类型	约束	说明
BOOKTYPEID	Number（6）	主键	图书类型编号
BOOKTYPENAME	Varchar2（30）		图书类型名称
DES	Varchar2（200）		说明

3. 读者表 READER

表结构及约束要求见表 5－8。

表 5－8 读者表 READER

列名	数据类型	约束	说明
ID	Number（10）	主键	读者编号
READERNAME	Varchar2（30）	非空	读者姓名
SEX	Char（2）		读者性别
BIRTHDAY	Date		读者出生日期
PHONE	Char（11）		读者联系方式
DEPT	Varchar2（30）		读者所在分院
MAJOR	Varchar2（30）		读者所属专业
READERTYPEID	Number（6）	外键	读者类型编号

4. 读者类别信息表 READERTYPE

表结构及约束要求见表 5－9。

表 5－9 读者类别信息表 READERTYPE

列名	数据类型	约束	说明
READERTYPEID	Number（6）	主键	读者类型编号
READERTYPENAME	Varchar2（30）		读者类型名称
MAXNUM	Number（2）		最大借书数量
MAXLIMIT	Varchar2（20）		最长借书期限

5. 借阅信息表 BOOKBORROW

表结构及约束要求见表 5－10。

表 5－10 借阅信息表 BOOKBORROW

列名	数据类型	约束	说明
ISBN	Char（13）	BOOKBORROW 表的复合主键，同时也是对应 BOOK 表中 ISBN 列的外键	图书 ISBN 号

续表

列名	数据类型	约束	说明
READERID	Number（10）	BOOKBORROW 表的复合主键，同时也是对应 READER 表中 ID 列的外键	读者编号
BORROWDATE	Date		借书日期
RETURNDATE	Date		还书日期
USERID	Number（6）	对应 USERS 表中 ID 列的外键	管理员编号

6. 管理员信息表 USERS

表结构及约束要求见表 5－11。

表 5－11　管理员信息表 USERS

列名	数据类型	约束	说明
ID	Number（6）	主键	管理员编号
NAME	char（10）	非空	管理员姓名
PWD	Varchar2（20）	默认为 111111	密码

习　　题

1. 选择题

（1）使用（　　）命令可以清除表中所有的内容。

A. INSERT　　B. UPDATE　　C. SELETE　　D. TRUNCATE

（2）下列（　　）错误地描述了默认值的作用。

A. 为表中某列定义默认值后，如果向表中添加记录而未为该列提供值，则使用定义的默认值代替

B. 如果向表中添加记录并且为定义默认值的列提供值，则该列仍然使用定义的默认值

C. 如果向表中添加记录并且为定义默认值的列提供值，则该列使用提供的值

D. 向表中添加记录时，如果定义默认值的列提供值为 NULL，则该列使用 NULL 值

（3）唯一约束与主键约束的一个区别是（　　）。

A. 唯一约束的列的值不可以有重复值　　B. 唯一约束的列的值可以不是唯一的

C. 唯一约束的列不可以为空值　　D. 唯一约束的列可以为空值

（4）如果为表 Employee 添加一个字段 Email，现在规定每个雇员都必须具有唯一的 Email 地址，则应当为 Email 字段建立（　　）约束。

A. Primary Key　　B. UNIQUE　　C. CHECK　　D. NOT NULL

（5）在 CREATE TABLE 语句中，指定某列不接受空值，可以使用（　　）关键字。

A. NOT EMPTY　　B. NOT NULL　　C. IS EMPTY　　D. IS NULL

（6）在 ALTER TABLE 中，指定某列不可用，可以使用（　　）关键字。

A. UNUSED　　B. SET UNUSED　　C. DISABLE　　D. NOUSED

（7）用于修改表中数据的语句是（　　）。

A. EDIT　　B. MODIFY　　C. UPDATE　　D. ALTER

2. 填空题

（1）字符型数据类型________用于存储固定长度的字符，________用于存储变长字符。

（2）数值数据类型 NUMBER 最大精度值为________。

（3）在 CREATE TABLE 语句中，定义主键的关键字是________。

（4）在 CREATE TABLE 语句中，定义唯一约束的关键字是________。

（5）在 CREATE TABLE 语句中，定义检查的关键字是________。

（6）在 ALTER TABLE 语句中，修改列名的关键字是________。

3. 简答题

（1）简述字符型数据类型 VARCHAR2 与 CHAR 的区别。

（2）日期数据类型 DATE 与 TIMESTAMP 的区别是什么？

（3）简述什么是主键约束及其特点。

（4）简述表中常用约束有哪些。

项目6　实施图书借阅网站数据操作

6.1　项目分析

图书借阅网站系统开发用户 BOOKUSER，已经完成了系统数据库表的创建，接下来就可以进行数据的增、删、改及查询操作，本项目要实现数据的 DML 操作。具体任务分解见表6-1。

表6-1　图书借阅网站数据操作任务分解

序号	名称	任务内容	目标
1	数据基本操作	掌握增加、修改、删除及合并数据的方法	实现图书借阅项目网站数据的基本操作
2	数据基本查询	掌握单表查询和条件查询的方法	实现图书借阅项目网站数据的基本查询
3	设置结果集格式	掌握常用的结果集格式的设置方法	设置图书借阅项目网站数据查询结果集格式
4	分组查询	掌握常用的聚合函数及分组查询的方法	实现图书借阅项目网站数据的分组查询
5	连接查询	掌握连接的分类及每种连接查询的实现方法	实现图书借阅项目网站数据的连接查询
6	子查询	掌握子查询的实现方法	实现图书借阅项目网站数据的子查询
7	集合查询	掌握集合查询的分类及每种集合查询的实现方法	实现图书借阅项目网站数据的集合查询

6.2　任务1—数据基本操作

6.2.1　插入数据

INSERT 语句的基本使用方法如下所示：

```
Insert into table_name[(column_list)]
Values (value_list);
```

- table_name：表示需要插入数据的表名。

- column_list：表示需要插入数据的列表清单，采用逗号格开；如果插入表中全部列值，则可以省略列名，不用一一写出。
- value_list：表示同 column_list 对应的数据值，需要注意的是，数据值必须同列的类型保持一致。

需要注意的是，column_list 和 value_list 的顺序必须一一对应，且个数和数据类型必须相同。

【例 6.1】 向表 USERS 表中插入数据。

(1) 插入全部列值，可以列出所有的列名，也可以不写列名，具体实现如下：

```
SQL > INSERT INTO USERS (ID, NAME, PWD) VALUES ( 1, 'Mary', 'Mary');
SQL > INSERT INTO USERS VALUES ( 2, 'Lily', ' Lily');
```

查看表中所有数据：

```
SQL > SELECT * FROMUSERS;
```

查询结果如下：

```
ID   NAME    PWD
-----------------------------
1    Mary    Mary
2    Lily    Lily
```

(2) 插入部分列值，需要列出插值的列名，同时，插入的值需要跟前面的列相对应。

```
SQL > INSERT INTO USERS( ID,NAME) VALUES ( 3, 'Tony');
```

查看表中所有数据：

```
SQL > SELECT * FROMUSERS;
```

查询结果如下：

```
ID   NAME    PWD
-----------------------------
1    Mary    Mary
2    Lily    Lily
3    Tony    111111
```

上面的代码仅插入了 USERS 表中 ID 和 NAME 列的值，查询的结果显示对应该行的 PWD 的值为 11111，这是因为之前创建的 USERS 表中，PWD 列设置的默认值为 111111；如果没有设置默认值，则未插值列系统会自动插入 NULL 值。

6.2.2 修改数据

当需要修改数据时，可以使用 UPDATE 语句。其语法格式如下：

```
update table_name
set column_name = new_value[,column_name =new_value[..]]
[where condition_expression]
```

其中：

- table_name，表示需要更新数据的表名；
- column_name，表示需要更新数据的列名；
- new_value，表示该列的新值；
- condition_expression，表示将要更新的数据应当满足的条件表达式。

【例6.2】　将用户 Mary 的密码修改为123456。

```
SQL >UPDATEUSERS SET PWD ='123456' WHERE Name ='Mary';
```

查看修改之后的数据：

```
SQL >SELECT Name, Pwd FROMUSERS;
```

结果如下：

```
ID   NAME     PWD
----------------------------
1    Mary     123456
2    Lily      Lily
3    Tony     111111
```

6.2.3　删除数据

DELETE 命令删除表中的数据：

```
DELETEFROM <表名>
WHERE <删除条件表达式>
```

【例6.3】　删除表 USERS 中列 ID 等于1的数据。

```
SQL >DELETE FROMUSERS WHERE ID = 1;
```

【例6.4】　删除表 USERS 中全部数据。

```
SQL >DELETE FROMUSERS;
```

6.2.4　合并数据

Oracle 中引入的 MERGE 语句用于实现“更新插入”（upsert），被称为合并操作。MERGE 可以在同一个步骤中更新（update）并插入（insert）数据行，对于抽取、转换和载入类型的应用软件，可以节省大量宝贵的时间，比如向数据库中加载数据，可以将数据库中没有的数据行插入数据库中，而已经存在的数据行也同时被更新。

在引入 MERGE 语句的时候，需要同时使用一条 UPDATE 语句和一条 INSERT 语句，顺序也是固定的（先使用 UPDATE 语句，然后是 INSERT 语句）。连接条件匹配的，执行 UPDATE，无法匹配的，执行 INSERT。

MERGE 语句的语法格式如下：

```
Merge into table_name_1
Using table_name_2
On (condition_expression)
When matched then
   Update_statement
When not matched then
   Insert_statement;
```

其中：

- table_name_1，表示需要将数据进行合并，并保持合并数据的表名，即目标表名。
- table_name_2，表示合并数据时使用的另一个数据表，即源表名。
- condition_expression，表示执行数据合并操作时，判断是否一致的条件表达式。
- update_statement，表示当条件表达式为真时，执行的更新操作。同一般 UPDATE 不同之处是，不需要提供表名。
- insert_statement，表示当条件表达式为假时，执行的是插入数据。同一般的 INSERT 语句不同之处在于，不需要指定插入的表名。

需要注意的是，合并的两个表的表结构必须一致。

【例 6.5】 在图书借阅网站系统中，新进的图书需要先存放在 NEW_BOOK 表中，待所有新书信息录入结束之后，再与 BOOK 进行合并操作，即对于 ISBN 号已经存在的图书，执行更新操作，更新该书的其余信息，比如出版时间、价格等；对于 ISBN 号不存在的图书，执行插入操作，将该书信息插入 BOOK 表中。

创建表 NEW_BOOK，表结构同 BOOK 表。

```
SQL > CREATE TABLENEW_BOOK
 (
        ISBN CHAR(13),
        BookNo VARCHAR2(20),
        BookName VARCHAR2(30),
        BookWriter Varchar2(20),
        BookPublish Varchar2(20),
        Price Number(6,2),
        PublishDate Date,
        BookTypeID Number(6)
 );

Table created
```

先往 BOOK 表中插入两条数据：

```
SQL > INSERT INTO BOOK(ISBN,BookNo,BookName,BookWriter,BookPublish,Price,PublishDate) VALUES ('9787730223456','TP211.1 -3','Oracle 数据库应用开发','王岩','北京理工大学出版社',32.5,date'2018 -09 -12');
SQL > INSERT INTO BOOK(ISBN,BookNo,BookName,BookWriter,BookPublish,Price,PublishDate) VALUES ('9787730224478','TP211.2 -1','Java 语言程序设计','王岩','清华大学出版社',35,date'2015 -05 -11');
```

此处未插入 BOOKTYPEID 的列值，由于 BOOK 表的 BOOKTYPEID 列为对应 BOOKTYPE 表的 BOOKTYPEID 列的外键，所以，要想插入 BOOK 表的 BOOKTYPEID 列值，必须先要在 BOOKTYPE 表的 BOOKTYPEID 列插入对应的列值，保证主外键列值相匹配或者外键值为 NULL。

```
SQL > INSERT INTO NEW_BOOK (ISBN,BookNo,BookName,BookWriter,Book-Publish, Price, PublishDate) VALUES ('9787730223456', 'TP211.1 - 31','Oracle 数据库应用开发','王岩','北京理工大学出版社',35,date'2019 -03 -14');
SQL > INSERT INTO NEW_BOOK (ISBN,BookNo,BookName,BookWriter,Book-Publish,Price,PublishDate) VALUES ('9787730234578','TP211.2 -11','C 语言程序设计','王鹏','北京理工大学出版社',39,date'2019 -09 -12');
```

查看两个表中的数据：

```
SQL > SELECTISBN,BookName, BookPublish,Price,PublishDate FROM BOOK;
SQL > SELECTISBN,BookName, BookPublish,Price,PublishDate FROM NEW_BOOK;
```

此时，BOOK 表中数据如下：

```
ISBN            BOOKNAME            BOOKPUBLISH        PRICE    PUBLISHDATE
---------------------------------------------------------------------------
9787730223456   Oracle 数据库应用开发 北京理工大学出版社   32.50      2018/9/12
9787730224478   Java 语言程序设计     清华大学出版社       35.00      2015/5/11
```

NEW_BOOK 表中数据如下：

```
ISBN            BOOKNAME            BOOKPUBLISH         PRICE  PUBLISHDATE
---------------------------------------------------------------------------
9787730223456   Oracle 数据库应用开发  北京理工大学出版社   35.00  2019/3/14
9787730234578   C 语言程序设计          北京理工大学出版社   39.00  2019/9/12
```

两个表中，《Oracle 数据库应用开发》两本书的 ISBN 号是一样的，表示这本书之前在图书馆中已经存在，只需更新信息即可，但 NEW_BOOK 表中《C 语言程序设计》一书在 BOOK 表中不存在，需要新增到 BOOK 表中，所以执行合并操作，代码如下：

```
SQL >MERGE INTO BOOK B
  USINGNEW_BOOK NB
  ON (B.ISBN = NB.ISBN)
  WHEN MATCHED THEN
  UPDATE
  B.BOOKNO = NB.BOOKNO,B.BOOKNAME = NB.BOOKNAME,B.BOOKWRITER = NB.
BOOKWRITER,B.BOOKPUBLISH = NB.BOOKPUBLISH,B.PRICE = NB.PRICE,
  B.PUBLISHDATE = NB.PUBLISHDATE,B. BOOKTYPEID = NB.BOOKTYPEID
  WHEN NOT MATCHED THEN
  INSERT(B.ISBN,B.BOOKNO,B.BOOKNAME,B.BOOKWRITER,B.BOOKPUBLISH,B.
PRICE,B.PUBLISHDATE,B.BOOKTYPEID)
  VALUES(NB.ISBN,NB.BOOKNO,NB.BOOKNAME,NB.BOOKWRITER,NB.BOOKPUB-
LISH, NB.PRICE,NB.PUBLISHDATE,NB.BOOKTYPEID);
```

上述代码中 BOOK B 是为 BOOK 表起别名为 B，NEW_BOOK NB 是为 NEW_BOOK 表起别名为 NB，以方便使用表。合并操作后，查看 BOOK 表中数据：

```
SQL > SELECTISBN,BookName, BookPublish,Price,PublishDate FROM BOOK;
```

结果如下：

```
ISBN           BOOKNAME           BOOKPUBLISH        PRICE    PUBLISHDATE
------------------------------------------------------------------------------
9787730223456  Oracle 数据库应用开发 北京理工大学出版社  35.00  2019/3/14
9787730224478  Java 语言程序设计   清华大学出版社        35.00  2015/5/11
9787730234578  C 语言程序设计   北京理工大学出版社       39.00  2019/9/12
```

从结果可以看出，《Oracle 数据库应用开发》一书的信息更新为 NEW_BOOK 表中对应的数据，而《C 语言程序设计》一书的信息增加到了 BOOK 表中。

6.3 任务 2—基本查询

6.3.1 数据查询基础

在 Oracle 数据库中，利用 SELECT 语句完成数据查询操作。

SELECT 语句的基本语法结构如下：

```
SELECT 子句
[ INTO 子句 ]
FROM 子句
[ WHERE 子句 ]
[ GROUP BY 子句]
```

```
[ HAVING 子句 ]
[ ORDER BY 子句 ]
```

具体描述见表6－2。

表6－2　select 子句表

SELECT 子句	描述
SELECT 子句	指定由查询返回的列
INTO 子句	创建新表并将结果行插入新表中
FROM 子句	指定从其中检索行的表
WHERE 子句	指定查询条件
GROUP BY 子句	指定查询结果的分组条件
HAVING 子句	指定组或聚合的搜索条件
ORDER BY 子句	指定结果集的排序，默认为升序，也可以用 ASC 指定；降序用 DESC 表示

6.3.2　单表数据检索

最简单的数据查询是从单个表中检索数据。检索单表数据采用如下格式：

```
Select [ColumnName],…,[ColumnName] From Table_Name;
```

其中：

ColumnName：需要查询的列名；

Table_Name：定义数据来源的表名。

【例6.6】　查看表 USERS 中所有数据。

```
SELECT * FROM USERS;
```

【例6.7】　在 SELECT 语句中查询指定的列名。

```
SELECT NAME,PWD FROM USERS;
```

6.3.3　条件检索

在查询中执行条件检索是通过查询语句的 where 子句来完成的，只查询满足 where 子句定义条件的行数据。通过过滤数据，可以只查询满足要求的数据，减少数据查询的量，提高查询性能。

用于 where 子句过滤行数据操作符的有：

- 比较运算符：=、<、<=、>、>=、<>或!=。
- 字符比较运算符：like、not like。
- 逻辑运算符：and、or、not。
- 包含：in、not in exists、not exists。
- 范围：between…and、not between…and。

- Null 测试：is null、is not null。

1. 使用比较运算符

【例 6.8】 查询《C 语言程序设计》一书的 ISBN。

```
SQL > SELECT ISBN,BOOKNAME FROM BOOK WHERE BOOKNAME ='C 语言程序设计';
```

查询结果如下：

```
ISBN                    BOOKNAME
----------------------------------------------
9787730234578           C 语言程序设计
```

Oracle 数据库系统默认的日期格式为“dd - mm 月 - YY”。对于日期型数据，日期越早，其值越小；日期越晚，其值越大。

【例 6.9】 查询 2018 年 1 月 1 号以后出版的图书信息。

```
SQL > SELECT BOOKNAME, PUBLISHDATE FROM BOOK
  2  WHERE PUBLISHDATE >'1 -1 月 -2018';
```

运行结果如下：

```
BOOKNAME                       PUBLISHDATE
-----------------------------------------------
Oracle 数据库应用开发             2019/3/14
C 语言程序设计                    2019/9/12
```

2. 使用字符比较符

字符比较符为 LIKE，使用其可以实现模糊查询。与 LIKE 搭配使用的常用通配符如下：

- %（百分号）：用来表示从指定位置开始的 0 个或多个字符。
- _(下划线)：表示指定位置上的单个字符。

【例 6.10】 从表 BOOK 中查询书名包含“程序设计”的图书信息：

```
SQL >SELECT ISBN,BOOKNAME FROM BOOK WHERE BOOKNAME LIKE '% 程序设计% ';
```

运行结果如下：

```
ISBN                    BOOKNAME
-----------------------------------------
9787730224478       Java 语言程序设计
9787730234578       C 语言程序设计
```

【例 6.11】 从表 BOOK 中查询所有姓“王”的作者出版的图书。

```
SQL > SELECT BOOKNAME,BOOKWRITER FROM BOOK WHERE BOOKWRITER LIKE '王%';
```

运行结果如下：

```
BOOKNAME                    BOOKWRITER
----------------------------------------------------
```

```
Oracle 数据库应用开发                王岩
Java 语言程序设计                    王岩
C 语言程序设计                       王鹏
```

【例 6.12】　从表 BOOK 中查询所有姓名第二个字是“岩”的作者出版的图书。

```
SQL > SELECT BOOKNAME,BOOKWRITER FROM BOOK WHERE BOOKWRITER LIKE '_
岩%';
```

运行结果如下：

```
BOOKNAME                        BOOKWRITER
------------------------------------------------------------
Oracle 数据库应用开发         王岩
Java 语言程序设计             王岩
```

3. 使用逻辑运算符

常用逻辑运算符包括与、或、非，即 and、or、not 。

【例 6.13】　从表 BOOK 中查询书名含有“程序设计”且 2018 年 12 月 31 日之后出版的图书信息。

```
SQL > SELECT BOOKNAME,PUBLISHDATE FROM BOOK
  2  WHERE BOOKNAME LIKE '% 程序设计%' and PUBLISHDATE >'31 -12 月 -18';
```

运行结果如下：

```
BOOKNAME                            PUBLISHDATE
------------------------------------------------------------
C 语言程序设计                        2019/9/12
```

条件“与”查询，查询结果需要同时满足多个查询条件。上述查询结果既满足书名含有“程序设计”，又满足 2018 年 12 月 31 日之后出版。

【例 6.14】　从表 BOOK 中查询书名含有“程序设计”或 2018 年 12 月 31 日之后出版的图书信息。

```
SQL > SELECT BOOKNAME,PUBLISHDATE FROM BOOK
  2  WHERE BOOKNAME LIKE '% 程序设计%' or PUBLISHDATE >'31 -12 月 -18';
```

运行结果如下：

```
BOOKNAME                            PUBLISHDATE
----------------------------------------------------------
Oracle 数据库应用开发                 2019/3/14
Java 语言程序设计                     2015/5/11
C 语言程序设计                        2019/9/12
```

条件“或”查询，查询结果只要满足多个查询条件中的一个即可。上述的查询结果将书名含有“程序设计”的检索出来，同时，又将所有满足 2018 年 12 月 31 日之后出版的图书检索出来。

【例 6.15】 从表 BOOK 中查询不是北京理工大学出版社出版的图书信息：

```
SQL > SELECT BOOKNAME,BOOKPUBLISH FROM BOOK
  2  WHERENOT BOOKPUBLISH ='北京理工大学出版社';
```

运行结果如下：

```
BOOKNAME                              BOOKPUBLISH
-----------------------------------------------------------
Java 语言程序设计                      清华大学出版社
```

4. 使用 IN 操作符

使用 IN 操作符来检索其列值在指定的值列表中的行。

【例 6.16】 从表 BOOK 中查询清华大学出版社和北京理工大学出版社出版的图书信息：

```
SQL > SELECT BOOKNAME,BOOKPUBLISH FROM BOOK
  2  WHERE  BOOKPUBLISH IN('北京理工大学出版社','清华大学出版社');
```

运行结果如下：

```
BOOKNAME                                BOOKPUBLISH
----------------------------------------------------------------------
Oracle 数据库应用开发                    北京理工大学出版社
Java 语言程序设计                        清华大学出版社
C 语言程序设计                           北京理工大学出版社
```

使用 IN 操作符来检索所有能匹配的信息，类似于多条件或操作，本例题将出版社是北京理工大学出版社或者是清华大学出版社都检索出来。需要注意的是，对于 IN 操作，只适用于多条件等值匹配。当要匹配的值点比较多时，通常用 IN 操作符来完成。

使用 NOT IN 操作符来检索其列值不在指定的值列表中的行。

【例 6.17】 从表 BOOK 中查询非清华大学出版社和北京理工大学出版社出版的图书信息。

为了演示效果，再向 BOOK 中插入一条记录，具体如下：

```
SQL > INSERT INTO BOOK(ISBN,BookNo,BookName,BookWriter,BookPublish,
Price,PublishDate) VALUES ('9787730224459','TP211.3 -1','数据库原理及应
用','田元','电子工业出版社',45,date'2012 -10 -15');
```

再进行查询：

```
SQL > SELECT BOOKNAME,BOOKPUBLISH FROM BOOK
  2  WHERE BOOKPUBLISH NOT IN('北京理工大学出版社','清华大学出版社');
```

运行结果如下：

```
BOOKNAME                              BOOKPUBLISH
-------------------------------------------------------------------
数据库原理及应用                       电子工业出版社
```

使用 NOT IN 操作符，检索所有条件都不满足的信息，即既不是北京理工大学出版社出版的图书，也不是清华大学出版社出版的图书。

5. 使用 BETWEEN…AND 检索指定范围的值

使用 BETWEEN…AND 检索列值包含在指定区间内的行，包含边界值点。

【例 6.18】　从表 BOOK 中查询图书单价在 35 ~45 之间（包含 35 和 45）的图书信息。

```
SQL > SELECT BOOKNAME,PRICE FROM BOOK
  2  WHERE PRICE BETWEEN 35 AND 45;
```

运行结果如下：

```
BOOKNAME                              PRICE
-------------------------------------------
Oracle 数据库应用开发                  35.00
Java 语言程序设计                      35.00
C 语言程序设计                         39.00
数据库原理及应用                       45.00
```

6. 使用 NULL 检索空值

使用 NULL 检索列值为空值的行。

【例 6.19】　从表 BOOK 中查询图书类别编号即 BOOKTYPEID 列为空值的图书信息。

```
SQL > SELECT BOOKNAME,BOOKTYPEID FROM BOOK
  2  WHERE BOOKTYPEID IS NULL;
```

运行结果如下：

```
BOOKNAME                              BOOKTYPEID
-------------------------------------------------------
Oracle 数据库应用开发
Java 语言程序设计
C 语言程序设计
数据库原理及应用
```

BOOK 表中的 BOOKTYPEID 列，在之前向 BOOK 表执行插入操作的时候，都没有插入对应的值，默认即插入空值，所以所有行全部检索出来。

【例 6.20】　从表 BOOK 中查询图书类别编号即 BOOKTYPEID 列为非空值的图书信息。

```
SQL > SELECT BOOKNAME,BOOKTYPEID FROM BOOK
  2  WHERE BOOKTYPEID IS NOT NULL;
```

运行结果如下：

```
BOOKNAME                                    BOOKTYPEID
------------------------------------------------------------------
```

使用 NOT NULL 检索非空值，本题由于所有行的 BOOKTYPEID 列值都为空值，所以，当检索非空值的时候，没有数据。

6.4 任务 3—设置结果集格式

通过对查询出的结果集排序、消除重复行、将列名改为列别名等，来改善结果集的可读性。这些格式选项只是改变了结果集中数据的显示方式，不会改变表中原始数据。

常用的结果集设置格式如下：

①消除重复行；

②设置列别名；

③结果集排序。

6.4.1 消除重复行

如果希望显示的结果集中没有重复值，可以使用 DISTINCT 子句来消除结果集中的重复行。

【例 6.21】 从表 BOOK 中查询图书都是哪些出版社出版的（没有必要显示重复的出版社名）。

```
SQL > SELECT DISTINCT BOOKPUBLISH FROM BOOK;
```

运行结果如下：

```
BOOKPUBLISH
--------------------
北京理工大学出版社
清华大学出版社
电子工业出版社
```

BOOK 表中现有 4 条记录，其中，有两本书都是北京理工大学出版社出版的，但是，同一出版社只需显示一次即可，因此，使用 DISTINCT BOOKPUBLISH 查询，保证只查询不同的出版社名。

6.4.2 设置列别名

在显示结果中，可以使用 AS 关键字设置更具可读性的列别名来取代默认的表中列名。

【例 6.22】 在查询结果集中，将 BOOKNAME 和 BOOKPUBLISH 列名显示为书名和出版社，以方便用户理解。

```
SQL >SELECT BOOKNAME AS 书名, BOOKPUBLISH AS 出版社 FROM BOOK;
```

运行结果如下：

```
书名                            出版社
-----------------------------------------------------------
Oracle 数据库应用开发            北京理工大学出版社
Java 语言程序设计               清华大学出版社
C 语言程序设计                  北京理工大学出版社
数据库原理及应用                电子工业出版社
```

此时，结果集中数据列名将显示为“书名”和“出版社”，而不再是表中的实际字段名“BOOKNAME”和“BOOKPUBLISH”。方便普通用户理解查询结果。

6.4.3　排序结果集

可以使用 ORDER BY 子句对指定结果集进行排序。ASC 升序排序，默认为升序；DESC 降序排序。

【例 6.23】　在查询图书信息时，按照图书单价进行升序排序。

```
SQL > SELECT BOOKNAME,PRICE FROM BOOK
  2  ORDER BY PRICE ASC;
```

运行结果如下：

```
BOOKNAME                              PRICE
----------------------------------------
Oracle 数据库应用开发                  35.00
Java 语言程序设计                      35.00
C 语言程序设计                         39.00
数据库原理及应用                       45.00
```

BOOK 表图书的信息是按照录入的先后顺序进行存放的，图书的价格是无序的。如果在查询的时候，想要按照价格进行升序排列显示，可以使用 ASC，或者默认排序（不写 ASC），都可以。

【例 6.24】　在查询图书信息时，按照图书单价进行升序排序：

```
SQL > SELECT BOOKNAME,PRICE FROM BOOK
  2  ORDER BY PRICE DESC;
```

按照图书单价降序排列的查询结果如下：

```
BOOKNAME                            PRICE
----------------------------------------
数据库原理及应用                     45.00
C 语言程序设计                       39.00
Oracle 数据库应用开发                35.00
Java 语言程序设计                    35.00
```

6.5 任务4—分组查询

6.5.1 聚合函数

聚合函数对一组行中的某个列执行计算并返回单一的值。聚合函数经常与 SELECT 语句的 GROUP BY 子句一同使用，所以有的时候也把其称为分组函数。

常用的聚合函数见表 6－3。

表 6－3 SELECT 子句表

统计函数	描述
COUNT（*）	统计记录的总数量，包括 NULL
COUNT（列名）	统计记录的总数量，不包括该列值为 NULL 的记录
AVG	统计列的平均值
SUM	统计列值之和
MAX	统计列的最大值
MIN	统计列的最小值

1. 使用 COUNT（*）统计所有行数

【例 6.25】 查询表 BOOK 中的图书总数。

```
SQL >SELECT COUNT( * ) FROM BOOK;
```

运行结果如下：

```
COUNT( * )
 ---------
    4
```

2. 使用 COUNT（列名）统计该列非空值行数

【例 6.26】 按书名统计图书总数。

```
SQL >SELECT COUNT(BOOKNAME) FROM BOOK;
```

运行结果如下：

```
COUNT(BOOKNAME)
 ---------------
    4
```

【例 6.27】 按图书类型编号统计图书总数。

```
SQL >SELECT COUNT(BOOKTYPEID) FROM BOOK;
```

运行结果如下：

```
COUNT(BOOKNAME)
---------------
    0
```

查询结果中，由于 BOOKNAME 列不含空值，所以，按此列统计出来的总数即为 4；而 BOOKTYPEID 全是空值，所以，按此列统计出来的总数即为 0，即空值不参与计数。

3. 使用 SUM（列名）统计该列非空值总和

【例 6.28】 统计 BOOK 表中所有图书单价总和。

```
SQL >SELECT SUM(PRICE) FROM BOOK;
```

运行结果如下：

```
SUM(PRICE)
-----------
   154
```

4. 使用 AVG（列名）统计该列非空值的平均值

【例 6.29】 统计所有图书的平均单价。

```
SQL > SELECT AVG(PRICE) FROM BOOK;
```

运行结果如下：

```
AVG(PRICE)
---------------
   38.5
```

5. 使用 MAX（列名）统计该列最大值

【例 6.30】 统计所有图书的最高单价。

```
SQL > SELECT MAX(PRICE) FROM BOOK;
```

运行结果如下：

```
MAX (PRICE)
-----------
   45
```

6. 使用 MIN（列名）统计该列最小值

【例 6.31】 统计所有图书的最低单价。

```
SQL > SELECT MIN(PRICE) FROM BOOK;
```

运行结果如下：

```
MIN (PRICE)
-----------
   35
```

6.5.2 使用 GROUP BY 子句

对表中的数据，有时需要按照某个指定的列进行分组，然后使用聚合函数对相应列进行统计计算。可以使用 GROUP BY 子句对查询结果执行分组操作。其语法格式如下：

```
SELECT SELECT_VALUE_LIST
FROM TABLE_NAME
WHERE WHERE_CONDITION
GROUP BY GROUP_VALUE_LIS                                --指定要分组的列
HAVING GROUP_CONDITION;                                 --指定分组的条件
```

其中：

GROUP BY GROUP_VALUE_LIS：按照 GROUP_VALUE_LIS 列进行分组查询，GROUP_VALUE_LIS 为指定的要分组的列名。

HAVING GROUP_CONDITION：在分组的基础上，可以指定查询的条件。

在使用 GROUP BY 子句是，需要注意以下原则：

①在 SELECT 子句中只能有两种类型的表达式，一种是聚合函数，一种是出现在 GROUP BY 子句后面的列名；没有出现在 GROUP BY 子句后面的列名不能出现在 SELECT 子句的非聚合函数表达式中，但出现在 GROUP BY 子句后面的列名可以不出现在 SELECT 子句的非聚合函数表达式中。

②默认情况下，系统按照 GROUP BY 子句中指定的列升序排序，但是可以使用 ORDER BY 子句指定新的排列顺序。

③如果使用了 WHERE 子句，那么所有参加分组计算的数据必须首先满足 WHERE 子句指定的条件。

④HAVING 子句是对分组之后的结果进行条件筛选，而 WHERE 是在分组之前，限定参与分组的数据。

【例 6.32】 分类统计每个出版社出版图书的平均单价。

```
SQL > SELECT BOOKPUBLISH,AVG(PRICE) FROM BOOK
  2   GROUP BY BOOKPUBLISH;
```

运行结果如下：

```
BOOKPUBLISH            AVG(PRICE)
------------------------------
北京理工大学出版社          37
清华大学出版社              35
电子工业出版社              45
```

其中，北京理工大学出版社出版两本图书，计算两本图书的平均单价并显示一次。

6.5.3 使用 HAVING 子句

使用 HAVING 子句可以指定分组的条件。

【例6.33】　分类统计每个出版社出版图书的平均单价，仅显示平均单价大于40的信息。

```
SQL > SELECT BOOKPUBLISH,AVG (PRICE) FROM BOOK
  2  GROUP BY BOOKPUBLISH
  3  HAVING AVG(PRICE) >40;
```

运行结果如下：

```
BOOKPUBLISH          AVG(PRICE)
------------------------------
电子工业出版社                45
```

在上题分组查询结果的基础上，将分组结果中单价大于40的出版社信息显示出来。

6.5.4　使用 ORDER BY 子句

可以使用ORDER BY指定分组排序顺序，默认情况下，按照分组的列值升序排列。

【例6.34】　分类统计每个出版社出版图书的平均单价，升序显示。

```
SQL > SELECT BOOKPUBLISH,AVG(PRICE) FROM BOOK
  2  GROUP BY BOOKPUBLISH
  3  ORDER BY AVG(PRICE);
```

运行结果如下：

```
BOOKPUBLISH          AVG(PRICE)
------------------------------
清华大学出版社             35
北京理工大学出版社         37
电子工业出版社             45
```

6.6　任务5—连接查询

在设计数据库的时候，为了避免冗余（尽量不重复存储相同的数据），尽量将不同实体的数据分开放到不同的表中存储。但在数据查询的时候，又经常需要关联到多个表里的数据，就要将分散在不同表中的数据组合成一个显示结果集提供给用户，连接查询即可满足此种需求。

连接查询语法格式为：

```
SELECT TABLE1.COLUMN, TABLE2.COLUMN
FROM TABLE1 JOIN_TYPE TABLE2
[ON (JOIN_CONDITION)]
```

其中，

JOIN_TYPE：连接类型，包括内连接、外连接、交叉连接和自连接。

ON（JOIN_CONDITION）：连接条件。

6.6.1 内连接

内连接通过比较两个表共同拥有的列的值，把两个表连接起来，只返回满足连接条件的行。具体语法如下：

```
SELECT <查询字段列表>
FROM <表1名称> <别名1> [INNER] JOIN <表2名称> <别名2>
ON <连接条件>
```

为了演示连接查询，向 BOOKTYPE 表中插入数据，具体如下：

```
SQL> INSERT INTO BOOKTYPE VALUES(1,'语言类','计算机语言程序设计类');
SQL> INSERT INTO BOOKTYPE VALUES(2,'数据库类','数据库原理及应用开发类');
SQL> INSERT INTO BOOKTYPE VALUES(3,'图形图像设计类','计算机图形图像设计类');
```

再向 BOOK 表中插入一行记录，具体如下：

```
SQL>INSERT INTO BOOK(ISBN,BookNo,BookName,BookWriter,BookPublish,
Price,PublishDate) VALUES ('9787720005319','TP101.2-13','曾国藩家训','曾
国藩','北京出版社',25,date'2009-05-18');
```

同时，设置 BOOK 表中对应图书的 BOOKTYPEID 值：

```
SQL>UPDATE BOOK SET BOOKTYPEID=2 WHERE ISBN IN('9787730223456',
'9787730224459');
SQL> UPDATE BOOK SET BOOKTYPEID=1 WHERE ISBN IN('9787730224478',
'9787730234578');
```

此时，查看 BOOK 和 BOOKTYPE 表数据如下：

```
SQL> SELECT * FROM BOOKTYPE;
```

运行结果如下：

```
BOOKTYPEID   BOOKTYPENAME                    DES
--------------------------------------------------------------------------
  1          语言类                          计算机语言程序设计类
  2          数据库类                        数据库原理及应用开发类
  3          图形图像设计类                  计算机图形图像设计类
SQL> SELECT ISBN,BOOKNAME,BOOKTYPEID FROM BOOK;
ISBN    BOOKNAME                   BOOKTYPEID
--------------------------------------------------------
```

```
9787730223456   Oracle数据库应用开发              2
9787730224478   Java语言程序设计                  1
9787730234578   C语言程序设计                     1
9787730224459   数据库原理及应用                  2
9787720005319   曾国藩家训
```

【例6.35】　查询图书信息时，显示书名及所属类型名。

```
SQL> SELECT BOOKNAME,BOOKTYPENAME
  2  FROM BOOK JOIN BOOKTYPE
  3  ON BOOK.BOOKTYPEID = BOOKTYPE.BOOKTYPEID;
```

运行结果如下：

```
BOOKNAME                          BOOKTYPENAME
-------------------------------------------------------------
Oracle数据库应用开发               数据库类
Java语言程序设计                   语言类
C语言程序设计                      语言类
数据库原理及应用                   数据库类
```

内连接查询将两个表中满足查询条件的数据显示出来。BOOK和BOOKTYPE表中，满足BOOKTYPEID匹配的记录一共4条，而两个表中不满足连接条件的记录不显示。

6.6.2　外连接

如一个查询，以返回一个或多个表中的所有行（无论在另外的表中是否有相匹配的行），则需要使用外连接。外连接有3种类型：左外连接、右外连接和完全外连接。

1. 左外连接

左外连接（LEFT JOIN…ON）：显示满足连接条件的行和左表（在JOIN关键字左边的表）中不满足条件的行。查询结果中，右表（在JOIN关键字右边的表）不满足连接条件的列值显示为空值。

【例6.36】　查询图书信息时，显示所有书名及所属图书类型名信息。对于没有类型的图书，也将其书名显示出来。

```
SQL> SELECT BOOKNAME,BOOKTYPENAME
  2  FROM BOOK LEFT JOIN BOOKTYPE
  3  ON BOOK.BOOKTYPEID = BOOKTYPE.BOOKTYPEID;
```

运行结果如下：

```
BOOKNAME                     BOOKTYPENAME
-------------------------------------------------------------
Oracle数据库应用开发          数据库类
```

```
Java 语言程序设计                  语言类
C 语言程序设计                     语言类
数据库原理及应用                   数据库类
曾国藩家训
```

此题中，BOOK 表在 JOIN 关键字的左边，因此利用左外连接将左表即 BOOK 表中的全部数据显示出来。对于没有匹配的 BOOKTYPEID 值的行，如本例中《曾国藩家训》一书，相对应右表 BOOKTYPE 中的 BOOKTYPENAME 列值显示为空值。

2. 右外连接

右外连接（RIGHT JOIN…ON）：显示满足连接条件的行和右表中不满足条件的行。查询结果中，左表不满足连接条件的列值显示为空值。

【例 6.37】 查询图书信息时，显示所有书名及所属图书类型名信息。对于没有图书的图书类型，也将其显示出来。

```
SQL > SELECT BOOKNAME,BOOKTYPENAME
  2  FROM BOOKRIGHT JOIN BOOKTYPE
  3  ON BOOK.BOOKTYPEID = BOOKTYPE.BOOKTYPEID;
```

运行结果如下：

```
BOOKNAME                  BOOKTYPENAME
 -------------------------------------------------------------
Oracle 数据库应用开发              数据库类
Java 语言程序设计                  语言类
C 语言程序设计                     语言类
数据库原理及应用                   数据库类
                                   图形图像设计类
```

此题中，BOOKTYPE 表中图形图像设计类没有对应的图书，不满足连接条件，但是其为右表中的数据，执行右外连接，故而显示出来，对应左表 BOOK 中的 BOOKNAME 列值显示为空值。

3. 完全外连接

完全外连接（FULL JOIN…ON）：显示满足连接条件的行和多个表中不满足条件的行。相对应的不满足连接条件的列值显示为空值。

【例 6.38】 查询图书信息时，显示图书所属类型名。没有指定类型的图书和没有图书的类型都显示出来。

```
SQL > SELECT BOOKNAME,BOOKTYPENAME
  2  FROM BOOKRIGHT JOIN BOOKTYPE
  3  ON BOOK.BOOKTYPEID = BOOKTYPE.BOOKTYPEID;
```

运行结果如下：

```
BOOKNAME                                BOOKTYPENAME
--------------------------------------------------------------------------
Oracle 数据库应用开发                    数据库类
Java 语言程序设计                        语言类
C 语言程序设计                           语言类
数据库原理及应用                          数据库类
                                         图形图像设计类
曾国藩家训
```

此例中的《曾国藩家训》一书没有对应的类型名，而图书类型 - 图形图像设计类没有对应的图书，利用全外查询将两者的信息显示出来，同时，没有数据的列值显示为空值。

6.6.3　交叉连接

交叉连接（CROSS JOIN）：显示两个或多个表中所有可能的记录连接方式。使用交叉连接不要求连接的表拥有相同的列。

【例 6.39】　显示所有图书可能的类型集合。

```
SQL > SELECT BOOKNAME,BOOKTYPENAME
  2  FROM BOOK CROSS JOIN BOOKTYPE;
```

运行结果如下：

```
BOOKNAME                                BOOKTYPENAME
--------------------------------------------------------------------------
Oracle 数据库应用开发                    语言类
Oracle 数据库应用开发                    数据库类
Oracle 数据库应用开发                    图形图像设计类
Java 语言程序设计                        语言类
Java 语言程序设计                        数据库类
Java 语言程序设计                        图形图像设计类
C 语言程序设计                           语言类
C 语言程序设计                           数据库类
C 语言程序设计                           图形图像设计类
数据库原理及应用                          语言类
数据库原理及应用                          数据库类
数据库原理及应用                          图形图像设计类
曾国藩家训                               语言类
曾国藩家训                               数据库类
曾国藩家训                               图形图像设计类
15 rows selected
```

此种连接方式查询的结果集为两个表的记录个数的乘积，上述查询的结果集包含 15 条记录，即 BOOK 表中的记录数 5 和 BOOKTYPE 表中的记录数 3 的乘积。

6.6.4 自连接

自连接即表自身连接，就是把某一个表中的行同该表中另外一些行连接起来。自连接主要用于比较相同的信息，但是所比较的列必须有相同的或兼容的数据类型。为了连接同一个表，为该表指定两个别名是必要的，这样才能把该表在逻辑上作为两个不同的表来使用。

【例 6.40】 现有员工表，包含 id、name、leaderid 三列，其含义为员工的编号、员工姓名及员工所属领导编号。现欲查询某一个员工的领导是谁，就需要使用自连接查询。

创建员工表 Employee 如下：

```
SQL > create table Employee
  (
   id number,
   name varchar2(20),
   leaderid number
  );
```

插入数据：

```
SQL >insert into Employee values(1,'Lily',NULL);
SQL >insert into Employee values(2,'Maly',1);
SQL >insert into Employee values(3,'Song',1);
```

查询员工 Song 的领导姓名：

```
SQL >select e.Name,em.Name as leadername
     fromEmployee e left join Employee em
     one.leaderid = em.id
     where e.Name = 'Song';
```

运行结果如下：

```
NAME                 LEADERNAME
-------------------------------
Song                  Lily
```

6.7 任务 6—集合查询

Oracle 中，可以将多个 SQL 查询语句集合成一个单独的查询语句，从而增强 SQL 语句的查询能力，可以通过集合查询来实现。分成以下 4 种：

①UNION ALL：返回查询语句中的所有行，包括重复的数据行。

②UNION：返回查询语句中的所有行，不包括重复的数据行。

③INTERSECT：返回在两个查询语句中都出现的数据行。

④MINUS：返回第一个查询中的数据行减去出现在第二个查询语句中的数据行后的差。

6.7.1　使用 UNION ALL 操作符

使用 UNION 集合操作符，可以把多个查询语句中的所有数据行相加，包括重复行，最后返回结果集。

【例 6.41】　查询 BOOK 和 NEW_BOOK 表中的所有图书编号和书名。

```
SQL > SELECT ISBN,BOOKNAME FROM BOOK
  2  UNION ALL
  3  SELECT ISBN,BOOKNAME FROM NEW_BOOK;
```

运行结果如下：

```
ISBN              BOOKNAME
 ------------------------------------------------
9787730223456    Oracle 数据库应用开发
9787730224478    Java 语言程序设计
9787730234578    C 语言程序设计
9787730224459    数据库原理及应用
9787720005319    曾国藩家训
9787730223456    Oracle 数据库应用开发
9787730234578    C 语言程序设计
7 rows selected
```

上述查询将两个单独的查询结果集合在一起，两个查询结果集中，一样的数据重复显示，如 Oracle 数据库应用开发、C 语言程序设计。

6.7.2　使用 UNION 操作符

使用 UNION 集合操作符，可以把多个查询语句中的所有数据行相加，去掉重复行，最后返回结果集。

【例 6.42】　查询 BOOK 和 NEW_BOOK 表中的所有图书编号和书名。

```
SQL > SELECT ISBN,BOOKNAME FROM BOOK
  2  UNION
  3  SELECT ISBN,BOOKNAME FROM NEW_BOOK;
```

运行结果如下：

```
ISBN              BOOKNAME
 ------------------------------------------------
9787730223456    Oracle 数据库应用开发
9787730224478    Java 语言程序设计
9787730234578    C 语言程序设计
```

```
9787730224459     数据库原理及应用
9787720005319     曾国藩家训
```

UNION 操作会去掉重复的数据行，因此，本例中 Oracle 数据库应用开发和 C 语言程序设计只显示一遍。

6.7.3 使用 INTERSECT 操作符

使用 INTERSECT 集合操作符，可以把多个查询语句中的所有数据行的重复行，即交集，显示出来。

【例 6.43】 查询 BOOK 和 NEW_BOOK 表中共同拥有的图书编号和书名。

```
SQL > SELECT ISBN,BOOKNAME FROM BOOK
  2  INTERSECT
  3  SELECT ISBN,BOOKNAME FROM NEW_BOOK;
```

运行结果如下：

```
ISBN              BOOKNAME
------------------------------------------------
9787730223456     Oracle 数据库应用开发
9787730234578     C 语言程序设计
```

6.7.4 使用 MINUS 操作符

使用 MINUS 集合操作符，可以把多个查询语句中的所有数据行的差集显示出来。

【例 6.44】 查询在 BOOK 中而不在 NEW_BOOK 表中的图书 ISBN 号和书名。

```
SQL > SELECT ISBN,BOOKNAME FROM BOOK
  2  MINUS
  3  SELECT ISBN,BOOKNAME FROM NEW_BOOK;
```

运行结果如下：

```
ISBN              BOOKNAME
------------------------------------------------
9787730224478     Java 语言程序设计
9787730224459     数据库原理及应用
9787720005319     曾国藩家训
```

6.8 任务 7—子查询

当某个 SELECT 语句嵌套在另一个 SELECT、UPDATE 或者 DELETE 语句中时，该 SELECT 语句就是子查询。使用子查询可以将某个 SQL 语句的执行依赖于另一个查询语句的执行结果。在子查询语句中，子查询也被称为内查询，包含子查询语句的语句称为外查询语句。通常情况下，外查询执行一行，子查询执行一遍，然后判断外查询语句的条件是否满足。如果条件满足，则外查询得到的数据行就是结果集中的行；如果条件不满足，则外查询继续执行下一行数据查询操作。在使用子查询时，必须注意：

①子查询必须使用括号括起来，否则无法确定其开始和结束。

②在子查询中，排序子句 ORDER BY 不能使用。

③在子查询中，还可以包含子查询，称为嵌套子查询，但是最多嵌套 255 层。

④子查询只能出现在 WHERE 子句中比较运算符的右端。

根据子查询返回的结果，子查询分为单行子查询、多行子查询、多列子查询。

①单行子查询语句只返回单行单列的结果，即只返回一个常量值。

②多行子查询返回多行单列的结果，即返回一系列值。

③多列子查询返回多列的结果。

6.8.1 单行子查询

在单行子查询中，该内查询只返回单行单列值，可以把此种子查询作为一个常量来使用。

【例 6.45】 查询单价最高的图书 ISBN 和书名信息。

```
SQL > SELECT ISBN,BOOKNAME,PRICE FROM BOOK
  2  WHERE PRICE =(SELECT MAX(PRICE) FROM BOOK);
```

运行结果如下：

```
ISBN                   BOOKNAME           PRICE
 ---------------------------------------------------
9787730224459     数据库原理及应用       45.00
```

6.8.2 多行子查询

子查询可以返回单列多行数据。执行返回单列多行数据的子查询被称为多行子查询。在这种多行子查询中，必须使用多行运算符来判断条件，而不能使用单行运算符。使用多行运算符可以执行与一个或多个数据的比较操作。

Oracle 系统中，可使用的多行比较运算符如下：

①IN，等于列表中的任何一个值。

②ANY，与子查询返回的每一个值进行比较。

③ALL，与子查询返回的所有值进行比较。

1. 使用 IN 操作符

IN 可以用来检查在一个值列表中是否包含指定的值。这个值列表也可以来自一个子查询的返回结果。

【例 6.46】 检索每个出版社中单价最高的图书信息。

```
SQL > SELECT ISBN,BOOKNAME,BOOKPUBLISH,PRICE
  2  FROM BOOK OUTER
```

```
WHERE PRICE IN(SELECT MAX(PRICE)
               FROM BOOK INNER
               WHERE OUTER.BOOKPUBLISH =INNER.BOOKPUBLISH)
ORDER BY PRICE;
```

运行结果如下：

```
ISBN          BOOKNAME             BOOKPUBLISH        PRICE
--------------------------------------------------------------------
9787720005319 曾国藩家训             北京出版社            25.00
9787730224478  Java 语言程序设计     清华大学出版社         35.00
9787730234578  C 语言程序设计        北京理工大学出版社     39.00
9787730224459 数据库原理及应用        电子工业出版社         45.00
```

查询每个出版社单价最高图书的图书信息，外部查询和子查询之间相互关联，外部查询一条记录，子查询需要根据其对应的出版社，找到该出版社出版图书最高单价，然后进行比较，所以，在查询中为 BOOK 表起别名，外部查询的 BOOK 别名为 OUTER，子查询的 BOOK 表别名为 INNER，外部查询和子查询需要匹配出版社，因此，使用 OUTER. BOOKPUBLISH = INNER. BOOKPUBLISH 语句。

2. 使用 ANY 操作符

ANY 可以用来将一个值与一个列表中的任何值进行比较。在查询中，ANY 操作符之前必须使用一个 =、< >、<、>、< = 或 > = 等比较操作符。

在进行多值比较的时候：

> ANY：大于所有值中最小值。

< ANY：小于所有值中最大值。

【例 6.47】 检索单价高于任何一个出版社出版图书平均价格的图书信息。

```
SQL > SELECT ISBN,BOOKNAME,BOOKPUBLISH,PRICE FROM BOOK
WHERE PRICE >ANY(SELECT AVG(PRICE) FROM BOOK GROUP BY BOOKPUBLISH);
```

运行结果为：

```
ISBN                  BOOKNAME                BOOKPUBLISH            PRICE
--------------------------------------------------------------------------
9787730223456 Oracle 数据库应用开发          北京理工大学出版社        35.00
9787730224478  Java 语言程序设计             清华大学出版社            35.00
9787730234578  C 语言程序设计                北京理工大学出版社        39.00
9787730224459 数据库原理及应用              电子工业出版社            45.00
```

该题中每个出版社出版图书平均价格查询如下：

```
SQL > SELECT AVG(PRICE) FROM BOOK GROUP BY BOOKPUBLISH;
```

运行结果如下：

```
AVG(PRICE)
----------
    37
    35
    25
    45
```

4个值中，最小值25，大于最小即大于25，即符合查询条件为单价大于25，所以，查询结果为4条记录。

3. 使用ALL操作符

ALL可以用来将一个值与一个列表中的所有值进行比较。在查询中，ALL操作符之前必须使用一个=、< >、<、>、< =或> =操作符。

在进行多值比较的时候：

>ANY：大于所有值中最大值。

<ANY：小于所有值中最小值。

【例6.48】　检索单价高于所有出版社出版图书平均价格的图书信息。

```
SQL > SELECT ISBN,BOOKNAME,BOOKPUBLISH,PRICE FROM BOOK
  WHERE PRICE >ANY(SELECT AVG(PRICE) FROM BOOK GROUP BY BOOKPUBLISH);
```

运行结果为：

```
ISBN            BOOKNAME                BOOKPUBLISH          PRICE
------------------------------------------------------------------------
```

查询结果为空，因为所有出版社最高平均价格为45，而图书单价中没有高于45的，因此没有数据。

6.8.3　多列子查询

多列子查询，即子查询返回结果为多列，当需要比较多列时使用。

【例6.49】　检索每个出版社所出版的单价最高的图书信息。

```
SQL > SELECT BOOKNAME,BOOKPUBLISH,PRICE FROM BOOK
  WHERE (BOOKPUBLISH,PRICE) IN(SELECT BOOKPUBLISH,MAX(PRICE)
        FROM BOOK GROUP BY BOOKPUBLISH);
```

运行结果如下：

```
BOOKNAME                    BOOKPUBLISH            PRICE
-------------------------------------------------------------------
Java语言程序设计            清华大学出版社         35.00
C语言程序设计               北京理工大学出版社     39.00
数据库原理及应用            电子工业出版社         45.00
曾国藩家训                  北京出版社             25.00
```

项目小结

本项目完成了图书借阅项目网站系统的数据操作，包括数据的插入、修改、删除及查询等，其中查询包括条件查询、分组查询、连接查询、集合查询及子查询等。

本项目介绍了整个图书借阅网站项目日常使用最频繁的功能，特别是各种查询功能的实现方法。

项目拓展

1. 查询定价在 15～25 元的图书信息。
2. 查询“图书类型”为“计算机”“电子”“文学”类的图书信息。
3. 查询 BOOK 中大于该类图书定价平均值的图书信息。
4. 使用 IN 操作符查询被读者借阅过的图书。
5. 查询所有定价低于平均定价的图书。
6. 显示所有书名相同而作者不同的图书信息。
7. 根据读者表、书籍表和借阅表，查询借书读者的姓名、借书名称、借书日期。
8. 查询“图书类别”为“计算机”的记录，并求出最低价、最高价、平均价格。
9. 找出所有类别图书中的平均价格大于 25 元的图书类别信息，并按平均价格降序排序。
10. 建立“读者借书超期通知”视图，要求读者借书期限为三个月，要求显示借阅读者编号、姓名、超期图书的名称、超期时间。
11. 图书馆要进行图书折旧的处理，将所有 20 年以前出版的图书，单价均改为 5 元。

习　　题

1. 选择题

（1）要建立一个语句向 Types 表中插入数据，这个表只有两列：T_ID 和 T_Name 列。如果要插入一行数据，这一行的 T_ID 值是 100，T_Name 值是 FRUIT，应该使用的 SQL 语句是（　　）。

A. INSERT INTO Types Values（100，'FRUIT'）

B. SELECT * FROM Types WHERE T_ID = 100 AND T_Name = 'FRUIT'

C. UPDATE SET T_ID = 100 FROM Types WHERE T_Name = 'FRUIT'

D. DELETE * FROM Types WHERE T_ID = 100 AND T_Name = 'FRUIT'

（2）用（　　）语句修改表的一行或多行数据。

A. UPDATE　　B. SET　　C. SELECT　　D. WHERE

（3）DELETE 语句中，用（　　）语句或子句来指明表中所要删除的行。

A. UPDATE　　B. WHERE　　C. SELECT　　D. INSERT

（4）下列（　　）子句在 SELECT 语句中用于排序结果集。

A. HAVING 子句　　B. WHERE 子句
C. FROM 子句　　D. ORDER BY 子句

(5) 为了去除结果集中重复的行，可在 SELECT 语句中使用关键字（　　）。

A. ALL　　B. DISTINCT　　C. SPOOL　　D. HAVING

(6) 下列（　　）关键字或子句用来限定查询结果集中的行。

A. SELECT　　B. WHERE　　C. UPDATE　　D. INSERT

(7) GROUP BY 子句的作用是（　　）。

A. 查询结果的分组条件　　B. 分组的筛选条件
C. 限定返回的行的判断条件　　D. 对结果集进行排序

(8) HAVING 子句的作用是（　　）。

A. 查询结果的分组条件　　B. 分组的筛选条件
C. 限定返回的行的判断条件　　D. 对结果集进行排序

(9) 下列（　　）函数可以把一个列中的所有值相加求和。

A. MAX　　B. SUM　　C. COUNT　　D. AVG

(10) 下列（　　）子句是 SELECT 语句中必选项。

A. FROM　　B. WHERE　　C. HAVING　　D. ORDER BY

(11) 下列（　　）子句实现对一个结果集进行分组和汇总。

A. HAVING　　B. ORDER BY　　C. WHERE　　D. GROUP BY

(12) 查询一个表的总记录数，可以采用（　　）统计函数。

A. AVG(*)　　B. SUM(*)　　C. COUNT(*)　　D. MAX(*)

(13) 如果只需要返回匹配的列，则应当使用（　　）连接。

A. 内连接　　B. 交叉连接　　C. 左连接　　D. 全连接

(14) 如果使用交叉连接查询两个表，其中一个表有 20 行，而另一个表有 50 行，如果没有使用 WHERE 子句，则将返回（　　）。

A. 20　　B. 1 000　　C. 50　　D. 500

(15) 下列的 SELECT 语句中，（　　）不能正常运行。

A. SELECT STD，SNAME，SCLASS，CNAME FROM STUDENT S，CLASS C
WHERE SCLASS = CID;

B. SELECT * FROM STUDENT S，CLASS C WHERE SCLASS = CID;

C. SELECT S. SID，S. NAME，SCLASS，C. CNAME FROM STUDENT S，CLASS C
WHERE S. SCLASS = C. CID;

D. SELECT S. SID，S. SNAME，SCLASS，C. CNAME FROM STUDENT
WHERE SCLASS S IN (SELECT CID FROM CLAS C);

(16) 在各选项中，（　　）与下面 SELECT 语句的查询结果相同。

```
SELECT SID,SNAME,SADDRESS FROM STUDENT
WHERE SCLASS ='C0010545' OR SCLASS IN( SELECT CID FROM CLASS
WHERE DEPARTMENT IN(
```

```
SELECT DID FROM DEPARTMENT
WHERE DNAME ='化工系'));
```

A. SELECT SID,SNAME,SADDRESS FROM STUDENT WHERE SCLASS = 'C0010545'
INTERSECT
SELECT SID,SNAME,SADDRESS FROM STUDENT S,CLASS C
WHERE S.SCLASS = C.CID AND C.DEPARTMENT IN
(SELECT DID FROM DEPARTMENT WHERE DNAME ='化工系');

B. SELECT SID,SNAME,SADDRESS FROM STUDENT WHERE SCLASS = 'C0010545'
UNION
SELECT SID,SNAME,SADDRESS FROM STUDENT S,CLASS C
WHERE S.SCLASS = C.CID AND C.DEPARTMENT IN
(SELECT DID FROM DEPARTMENT WHERE DNAME ='化工系');

C. SELECT * FROM STUDENT WHERE SCLASS = 'C0010545'
UNION
SELECT * FROM STUDENT S,CLASS C
WHERE S.SCLASS = C.CID AND C.DEPARTMENT IN
(SELECT DID FROM DEPARTMENT WHERE DNAME ='化工系');

D. SELECT SID,SNAME,SADDRESS FROM STUDENT WHERE SCLASS = 'C0010545'
MINUS
SELECT SID,SNAME,SADDRESS FROM STUDENT S,CLASS C
WHERE S.SCLASS = C.CID AND C.DEPARTMENT IN
(SELECT DID FROM DEPARTMENT WHERE DNAME ='化工系');

2. 填空题

（1）在 SELECT 语句中，设置查询条件的关键字是____________。

（2）在 SELECT 语句中，实现模糊查询的功能关键字是____________。

（3）在连接查询中，可以使用____________关键字实现内连接查询。

（4）在需要滤除查询结果中重复的行时，必须使用关键字____________。

（5）如果需要在 SELECT 子句中包括一个表的所有列，可使用符号____________。

（6）如果定义与分组有关的搜索条件，可以把____________子句添加到 SELECT 语句中。

（7）查询所有姓张的学生的信息，其 WHERE 子句条件为 name like ____________。

（8）可以使用____________子句对分组进行条件检索。

（9）集合运算符____________实现了集合的并运算，操作____________实现了对集合的交运算，而____________则实现了减运算。

项目7　创建与管理图书借阅网站项目索引

7.1　项目分析

图书借阅网站系统开发用户 BOOKUSER 已经完成了系统数据库表的创建，并且能够实现日常的数据操作，但是，发现对数据量较大的表，如图书表和读者表，进行访问操作的时候，反应比较慢，那么如何来提高数据的读取速度？本项目实现系统的索引的创建与管理。具体任务分解见表 7 – 1。

表 7 – 1　创建与管理图书借阅网站项目索引任务分解

序号	名称	任务内容	目标
1	索引概述	了解索引的作用、分类，会根据需求选择合适的索引	了解索引的作用、分类
2	创建索引	掌握不同类型索引的创建方法	实现图书借阅项目网站索引的创建
3	管理索引	掌握重命名索引、禁用和启用索引及删除索引的方法	实现图书借阅项目网站索引的管理

7.2　任务1—索引概述

7.2.1　索引的概念

使用索引可快速访问数据库表中的特定信息。索引是对数据库表中一列或多列的值进行排序的一种结构，索引提供指向存储在表的指定列中的数据值的指针，然后根据指定的排序顺序对这些指针排序。数据库使用索引的方式与使用书籍中的索引的方式很相似：它搜索索引，以找到特定值，然后按照指针找到包含该值的行。

注意：并非所有的数据库都可以通过使用索引来提高查询速度。作为通用规则，只有当经常查询索引列中的数据时，才需要在表上创建索引。索引占用磁盘空间，并且降低添加、删除和更新行的速度。在多数情况下，索引用于数据检索的速度优势大大超过它的不足之处。

7.2.2　索引的类型

索引可以从逻辑设计和物理实现两个方面来分类。从逻辑设计方面来看，主要考虑索引是如何组合的，可以分为单列索引和复合索引、唯一性索引和非唯一性索引等。索引是一种树状结构，从物理实现的角度，索引可以分为分区索引和非分区索引、B 树索引、位图索引等。下面介绍几种常用的分类方式：

①单列索引与复合索引：索引可以创建在一个列上，也可以创建在多个列上。创建在一个列上的索引称为单列索引，创建在多个列上的索引称为复合索引。

②唯一性索引与非唯一性索引：唯一性索引是索引值不重复的索引，非唯一性索引是索引值可以重复的索引。在默认情况下，Oracle 创建的索引是非唯一性索引。当在表中定义主键约束或唯一性约束时，Oracle 会自动在相应列上创建唯一性索引。

③函数索引：基于包含索引列的函数或表达式创建的索引（索引值为计算后的值）。

④B－树索引：按平衡树结构组织的索引，是最常用的索引，也是默认创建的索引类型。B－树索引占用空间多，适合索引值取值范围广（基数大）、重复率低的应用。

⑤位图索引：按位图结构组织的索引，适合索引值取值范围小（基数小）、重复率高的应用。

7.3　任务 2—创建索引

使用 CREATE INDEX 语句创建索引，其简化语法如下：

```
CREATE[UNIQUE][BITMAP]INDEX index_name
ON table_name(column_name[ASC|DESC][,...]);
```

其中：

①UNIQUE：指定索引列中的值必须是唯一的，即创建唯一索引。

②BITMAP：创建位图索引。

③index_name：指定索引名。

④table_name：指定要对哪个表创建索引。

⑤column_name：指定要对哪个列创建索引。如果对多列创建索引，此索引就称为复合索引。

7.3.1　创建单列索引

【例 7.1】　检索图书的时候，经常按照书名进行查询，因此，为表 BOOK 的列 BOOKNAME 列创建索引，索引名为 INDEX_BOOK_NAME：

1. 创建单列索引

```
SQL >CREATE INDEX INDEX_BOOK_BOOKNAME ON BOOK(BOOKNAME);


Index created
```

2. 查看索引信息

查看用户创建的索引使用系统视图 USER_INDEXES 和 USER_IND_COLUMNS。系统视图 USER_INDEXES 存放索引的名称及索引类型、所属表等信息。系统视图 USER_IND_

COLUMNS存放的是索引名称、对应的表和列等。

（1）查看 BOOK 表中的索引名。

```
SQL > SELECT INDEX_NAME,TABLE_NAME FROM USER_INDEXES
  2  WHERE TABLE_NAME = 'BOOK';
```

运行结果如下：

```
INDEX_NAME                                    TABLE_NAME
------------------------------          ------------------------------
SYS_C0010862                                       BOOK
SYS_C0010865                                       BOOK
INDEX_BOOK_BOOKNAME                                BOOK
```

其中，前两个约束为 BOOK 表中 ISBN 主键列及 BOOKNO 唯一约束对应的系统自动创建的索引。

（2）查看 BOOK 表中索引名及其对应的列。

```
SQL > SELECT INDEX_NAME,TABLE_NAME,COLUMN_NAME FROM USER_IND_COLUMNS
  2  WHERE TABLE_NAME = 'BOOK';
```

运行结果如下：

```
INDEX_NAME                    TABLE_NAME                   COLUMN_NAME
-------------------        -------------------        -------------------
SYS_C0010862                    BOOK                      ISBN
SYS_C0010865                    BOOK                      BOOKNO
INDEX_BOOK_BOOKNAME             BOOK                      BOOKNAME
```

7.3.2　创建复合索引

复合索引，即索引列包含多列。

【例 7.2】　为表 BOOK 的出版社 BOOKPUBLISH 和作者 BOOKWRITER 列创建复合索引，索引名为：

```
INDEX_BOOK_PUBLISH&WRITER:
   SQL > CREATE INDEX INDEX_BOOK_PUBLISHWRITER ON BOOK(BOOKPUBLISH,
BOOKWRITER);
```

7.3.3　创建唯一索引

使用 CREATE UNIQUE INDEX 创建唯一索引。

【例 7.3】　为表 BOOKTYPE 的列 BOOKTYPENAME 创建唯一索引，索引名为：

```
UNINDEX_BOOKTYPE_BOOKTYPENAME:
    SQL > CREATE UNIQUE INDEX UNINDEX_BOOKTYPE_BOOKTYPENAME ON BOOKTYPE (BOOKTYPENAME);
```

创建上述索引之前，需要确保 BOOKTYPENAME 列中没有重复值。

7.4 任务 3—管理索引

有时，需要对索引进行一些修改，可以使用 ALTER INDEX 语句。

7.4.1 重命名索引

使用 RENAME TO 子句可以重命名索引。

【例 7.4】 将索引名 UNINDEX_BOOKTYPE_BOOKTYPENAME 重命名为

```
UNINDEX_BOOKTYPE_NAME:
    SQL > ALTER INDEX UNINDEX_BOOKTYPE_BOOKTYPENAME RENAME TO UNINDEX_BOOKTYPE_NAME;
```

7.4.2 索引的禁用和启用

使用 UNUSABLE 关键词可以使索引禁用，禁用之后，索引将不再起作用。

【例 7.5】 设置索引 UNINDEX_BOOKTYPE_NAME 禁用：

```
SQL > ALTER INDEX UNINDEX_BOOKTYPE_NAME UNUSABLE;
```

使用 REBUILD 关键词可以重新启用索引。

【例 7.6】 设置索引 UNINDEX_BOOKTYPE_NAME 重新使用：

```
SQL > ALTER INDEX UNINDEX_BOOKTYPE_NAME REBUILD;
```

7.4.3 删除索引

不必要的索引会影响表的使用效率，应及时删除，释放其占用的存储空间。删除索引主要分为如下 3 种情况：

（1）删除基于约束条件的索引，该索引的创建是由于创建了约束（主键约束或唯一约束）而自动创建的，因此，删除约束即可删除对应的索引。

（2）可以使用 CREATE INDEX 语句删除索引，具体如下：

```
DROP INDEX index_name
```

【例 7.7】 删除索引 UNINDEX_BOOKTYPE_NAME：

```
SQL > DROP INDEX UNINDEX_BOOKTYPE_NAME;
```

（3）当删除一个表时，也会删除所有与该表相关的索引。

项目小结

本项目完成了图书借阅网站系统的索引的创建，包括单列索引、复合索引及唯一索引，介绍了索引的管理操作，包括重命名、禁用和启用及删除的设置。

本项目重点需要掌握索引的概念和作用，掌握索引的创建和管理的方法。

项目拓展

1. 为 READERTYPE 表的 READERTYPENAME 列创建一个名为 IDX _ READERTYPENAME 的索引。

2. 为 READER 表的 PHONE 列创建一个名为 IDX_PHONE 的唯一索引。

3. 为 READER 表的 READERNAME 和 MAJOR 列创建一个名为 IDX_READERMAJOR 的复合索引。

习　　题

1. 选择题

（1）下面的语句创建了（　　）索引。

```
CREATE INDEX test_index ON student (stuno, sname);
```

A. 唯一索引　　B. 位图索引　　C. 复合索引　　D. 单列索引

（2）下列关于索引的描述，（　　）是不正确的。

A. 表是否具有索引不会影响到所使用的 SQL 编写形式

B. 在为表创建索引后，所有的查询操作都会使用索引

C. 为表创建索引后，可以提高查询的执行速度

D. 在为表创建索引后，Oracle 优化器将根据具体情况决定是否采用索引

（3）如果经常执行类似于下面的查询语句：

```
SELECT * from student where Substr(sname,0,2) ='刘'
```

应当为 student 表中的 sname 列创建（　　）类型的索引。

A. 唯一索引　　B. 位图索引　　C. 不唯一索引　　D. 基于函数的索引

2. 填空题

（1）________索引可以保证索引列上不会有重复的值。

（2）在为表中某个列定义 PRIMART KEY 约束 PK_ID 后，则系统默认创建的索引名为________。

（3）查看用户创建的索引使用系统视图__________。系统视图__________存放索引的名称及索引类型、所属表等信息。系统视图____________存放的是索引名称、对应的表和列等。

3. 简答题

（1）简述索引的概念。

（2）简述索引的作用。

（3）简述检索索引的分类。

项目8　创建与管理图书借阅网站项目视图

8.1　项目分析

在图书借阅网站系统数据库的使用过程中，不同的用户关心的数据往往不同，每个读者应只能查看其自己的借阅信息，而不应该看到其他人的借阅记录，那么，如何提高数据访问操作的安全性，仅为不用的用户提供其所关注的数据，而非全部数据？本项目实现系统的视图的创建、使用和管理。具体任务分解见表8－1。

表8－1　创建与管理图书借阅网站项目视图任务分解

序号	名称	任务内容	目标
1	视图概述	了解视图的定义和作用	了解视图的概念
2	创建视图	掌握不同类型视图的创建方法，掌握视图的查看方法	实现图书借阅项目网站视图的创建
3	使用视图	掌握对视图数据执行查询和修改的方法	实现图书借阅项目网站视图的使用
4	管理视图	掌握修改视图、验证视图及删除视图的方法，掌握强制创建视图的方法	实现图书借阅项目网站视图的管理

8.2　任务1—视图概述

8.2.1　视图的定义

视图是原始数据库数据的一种变换，是查看表中数据的另外一种方式。可以将视图看成是一个移动的窗口，通过它可以看到感兴趣的数据。

视图是从一个或多个表或视图中提取出来的数据的一种逻辑表现形式。在数据库中只有视图的定义，实质为SELECT语句，而没有实际对应“表”的存在，因此，视图是一个“虚”表。当对视图进行操作时，系统会根据视图的定义临时生成数据。

创建视图时，数据来源的表统称为基表，视图实际是基表中数据的多样性表现，可以为不同的用户创建不同的视图，从而可以从不同的角度、不同的范围观察基表中的数据。可以像对表一样对视图进行操作，包括数据查询、数据更新、数据插入、数据删除等，系统会自动将对视图的操作转换为对基表的操作。

8.2.2 视图的作用

1. 简单性

看到的就是需要的。视图不仅可以简化用户对数据的理解，也可以简化它们的操作。那些被经常使用的查询可以被定义为视图，从而使用户不必为以后的操作每次都指定全部的条件。

视图也可以简化用户权限的管理。数据库所有者可以把视图的权限授予需要查询的用户，而不必将基表中某些列的查询权限授予用户。

2. 安全性

通过视图用户只能查询和修改他们所能见到的数据。数据库中的其他数据则既看不见，也取不到。数据库授权命令可以使每个用户对数据库的检索限制到特定的数据库对象上，但不能授权到数据库特定行和特定的列上。通过视图，用户可以被限制在数据的不同子集上：

①使用权限可被限制在基表的行的子集上。

②使用权限可被限制在基表的列的子集上。

③使用权限可被限制在基表的行和列的子集上。

④使用权限可被限制在多个基表的连接所限定的行上。

⑤使用权限可被限制在基表中的数据的统计汇总上。

⑥使用权限可被限制在另一视图的一个子集上，或是一些视图和基表合并后的子集上。

3. 逻辑数据独立性

视图可帮助用户屏蔽真实表结构变化带来的影响。视图可以使应用程序和数据库表在一定程度上独立。如果没有视图，应用一定是建立在表上的。有了视图之后，程序可以建立在视图之上，从而程序与数据库表被视图分割开来。视图可以在以下几个方面使程序与数据独立：

①如果应用建立在数据库表上，当数据库表发生变化时，可以在表上建立视图，通过视图屏蔽表的变化，从而应用程序可以不动。

②如果应用建立在数据库表上，当应用发生变化时，可以在表上建立视图，通过视图屏蔽应用的变化，从而使数据库表不动。

③如果应用建立在视图上，当数据库表发生变化时，可以在表上修改视图，通过视图屏蔽表的变化，从而应用程序可以不动。

④如果应用建立在视图上，当应用发生变化时，可以在表上修改视图，通过视图屏蔽应用的变化，从而数据库可以不动。

8.3 任务 2—创建视图

在创建视图时，可以使用 CREATE VIEW 语句。具体语法格式如下：

```
CREATE OR REPLACE[FORCE |NO FORCE]VIEW view_name[(COLUMN1[,COLUMN
2]...)]
AS
```

```
SQLQuery
[WITH CHECK OPTION [CONSTRAINT constraint_name]]
[WITH READ ONLY [CONSTRAINT constraint_name]];
```

其中：

①OR REPLACE：表示如果同名的视图存在，则使用新视图代替已有视图。主要用于修改视图定义，而无须撤销或重新创建它。

②FORCE：强制创建视图，不考虑基表是否存在，以及是否具有使用基表数据的权限。

③NO FORCE：只有基表存在且具有权限才可以创建视图。

④COLUMN1…：指定视图中的列名。

⑤SQLQuery：表示生成视图的 SELECT 语句。

⑥CONSTRAINT：表示指定的约束。

⑦WITH CHECK OPTION：指明对视图操作时，必须满足子查询中的约束条件。

⑧WITH READ ONLY：指明该视图为只读视图，不能修改。

8.3.1　创建视图

图书借阅网站系统数据库开发用户 BOOKUSER 没有创建视图的权限，所以，先为其授权，具体如下。

以管理员的身份连接：

```
SQL >CONN SYS/BOOKBORROW AS SYSDBA;
```

给用户赋予创建视图的权限：

```
SQL >GRANT CREATEVIEW TO BOOKUSER;
```

再次使用用户 BOOKUSER 连接，成功。

```
SQL >CONN BOOKUSER/BOOKUSER;
```

1. 创建简单视图

简单视图包含的子查询只访问一个基表。

【例8.1】　创建北京理工大学出版社出版的图书信息视图 V_BLGPUBLISHBOOK，即只检索图书类型为程序设计类的图书。

```
SQL >CREATE VIEW V_BLGPUBLISHBOOK
  2  AS
  3  SELECT * FROM BOOK
  4  WHERE BOOKPUBLISH ='北京理工大学出版社';

View created
```

2. 创建复杂视图

复杂视图包含的子查询，通常从多个基表中检索数据、使用 GROUP BY 子句或者使用函数调用等。

【例 8.2】 创建图书信息视图 V_BOOK，包含图书 ISBN、书名及图书类型名。

```
SQL >CREATE VIEW V_BOOK
AS
SELECT ISBN,BOOKNAME,BOOKTYPENAME
FROM BOOK JOIN BOOKTYPE
ON BOOK.BOOKTYPEID = BOOKTYPE. BOOKTYPEID;

View created
```

程序中 SELECT 后面的 ISBN、BOOKNAME、BOOKTYPENAME 列名为两个表所独有的列，即非重复列，所以，可以省略其所在的表名，而直接使用，但是，对于 BOOKTYPEID 两个表拥有的同名列，必须要在列名前面指出所属表名。

3. 创建具有 CHECK OPTION 约束的视图

创建具有 CHECK OPTION 约束的视图，可以限定对视图进行增加、修改和删除必须满足的条件。

【例 8.3】 创建单价小于 40 的图书信息视图 V_CHECK_BOOKPRICE，带有 CHECK OPTION 约束。

```
SQL >CREATE VIEW V_CHECK_BOOKPRICE
AS
SELECT * FROM BOOK
WHERE PRICE <40
WITH CHECK OPTION ;

View created
```

4. 创建具有 READ ONLY 约束的视图

创建具有 READ ONLY 约束的视图，指定该视图为只读，以及不允许对视图进行增加、修改和删除操作。

【例 8.4】 创建所有图书信息只读视图 V_BOOK_READONLY。

```
SQL >CREATE VIEW V_BOOK_READONLY
AS
SELECT * FROM BOOK
WITH READ ONLY;

View created
```

8.3.2 查看视图

所有的视图定义都存储在数据库的数据字典中。用户可以通过 user_views 系统视图来查看视图的定义信息。

1. 查看用户创建的视图

【例 8.5】 查看当前用户 BOOKUSER 创建的视图名称。

```
SQL > SELECT VIEW_NAME FROM USER_VIEWS;
```

运行结果如下：

```
VIEW_NAME
--------------------
V_BLGPUBLISHBOOK
V_BOOK_READONLY
V_CHECK_BOOKPRICE
V_COMPUTERBOOK
```

2. 查看视图定义

【例 8.6】 查看视图 V_BLGPUBLISHBOOK 的定义。

```
SQL > SELECT VIEW_NAME,TEXT
  2   FROM USER_VIEWS
  3   WHERE VIEW_NAME = 'V_BLGPUBLISHBOOK';
```

运行结果如下。TEXT 列显示的是定义视图的 SELECT 语句。

```
VIEW_NAME                          TEXT
-------------------  ------------------------------------
V_BLGPUBLISHBOOK     SELECT
                     "ISBN","BOOKNO","BOOKNAME","BOOKWRITER",
                     "BOOKPUBLISH","PRICE","PUBLISHDAT"
```

3. 查看视图结构

【例 8.7】 查看视图 V_BLGPUBLISHBOOK 的结构。

```
SQL > Desc V_BLGPUBLISHBOOK;
```

运行结果如下：

```
Name            Type            Nullable   Default     Comments
-----------     ------               ------      ------        ------
ISBN            CHAR(13)
BOOKNO          VARCHAR2(20)         Y
BOOKNAME        VARCHAR2(30)
BOOKWRITER      VARCHAR2(20)         Y
BOOKPUBLISH     VARCHAR2(20)         Y
PRICE           NUMBER(6,2)          Y
```

```
PUBLISHDATE          DATE            Y
BOOKTYPEID           NUMBER(6)       Y
```

视图 V_BLGPUBLISHBOOK 表结构与 BOOK 表的表结构相同，因为在创建视图的时候，使用的是 SELECT * FROM BOOK，并且在创建视图的时候，视图名 V_BLGPUBLISH-BOOK 的后面没有额外指定视图的列名，默认视图的列名即为 SELECT 语句检索出来的列名。

8.4 任务 3—使用视图

视图的实质是查询语句，视图的作用是一个虚拟表。可以像使用表一样使用视图。对于简单的视图，可以通过视图修改基表中的数据。这些修改操作包括插入数据、更新数据、删除数据等。对视图的增删改查操作实质都是对基表进行操作，而视图仅是基于基表的查询。

8.4.1 对视图执行查询操作

查询视图中的数据与查询表中的数据的处理方法一样。

【例 8.8】 查看视图 V_BLGPUBLISHBOOK 中的数据。

```
SQL > SELECT BOOKNAME,BOOKPUBLISH from V_BLGPUBLISHBOOK;
```

运行结果如下：

```
BOOKNAME                             BOOKPUBLISH
-----------------------             -----------------------
C 语言程序设计                        北京理工大学出版社
Oracle 数据库应用开发                 北京理工大学出版社
```

8.4.2 对视图执行修改操作

对视图的修改操作包括向视图中插入数据、修改视图中的数据、删除视图中的数据，不管何种修改操作，其实质均是对视图对应的基表进行修改，视图仅仅是从基表中查询数据。需要注意的是，对于未包含在视图定义中的基表的列，如果没有设置默认值，并且又不允许为空，则插入操作无法执行。

1. 对简单视图执行修改操作

（1）向简单视图插入数据，需要保证那些没包含在视图定义中的基表的列必须允许为空值或者有默认值，否则，插入失败。

【例 8.9】 向视图 V_BLGPUBLISHBOOK 中插入一行数据。

```
SQL > INSERT INTO
V _ BLGPUBLISHBOOK ( ISBN, BookNo, BookName, BookWriter, BookPublish,
Price,PublishDate)
```

```
VALUES ('9787730224493','TP211.2-16','Spring 框架技术','孙妍','清华大学出版社',40,date'2018-03-15');
```

查看视图中的数据：

```
SQL>SELECT BOOKNAME,BOOKPUBLISH FROM V_BLGPUBLISHBOOK;
```

运行结果如下：

```
BOOKNAME                              BOOKPUBLISH
----------------------                ----------------------
C 语言程序设计                        北京理工大学出版社
Oracle 数据库应用开发                 北京理工大学出版社
```

再查看基表 BOOK 中的数据：

```
SQL>SELECT BOOKNAME,BOOKPUBLISH FROM BOOK;
```

运行结果如下：

```
BOOKNAME                              BOOKPUBLISH
----------------------                ----------------------
Oracle 数据库应用开发                 北京理工大学出版社
Java 语言程序设计                     清华大学出版社
C 语言程序设计                        北京理工大学出版社
数据库原理及应用                      电子工业出版社
曾国藩家训                            北京出版社
Spring 框架技术                       清华大学出版社
6 rows selected
```

上述结果说明，向视图插入数据实际是先向对应的基表中插入数据，而视图仅仅是基表上的查询结果。由于 V_BLGPUBLISHBOOK 视图查询的是北京理工大学出版社出版的图书，所以，新插入的清华大学出版社出版的《Spring 框架技术》一书没有在视图查询结果里面显示出来，而只在基表 BOOK 中显示。

（2）修改简单视图数据。

【例 8.10】 将视图 V_BLGPUBLISHBOOK 中《C 语言程序设计》一书书名改为《C 程序设计》。

```
SQL>UPDATE V_BLGPUBLISHBOOK SET BOOKNAME='C 程序设计'
  2  WHERE  BOOKNAME='C 语言程序设计';
```

查询修改之后的视图：

```
SQL>SELECT BOOKNAME,BOOKPUBLISH FROM V_BLGPUBLISHBOOK;
```

运行结果如下：

```
BOOKNAME                          BOOKPUBLISH
--------------------              --------------------
C 程序设计                        北京理工大学出版社
Oracle 数据库应用开发             北京理工大学出版社
```

(3) 删除简单视图数据。

```
SQL >DELETE FROM V_BLGPUBLISHBOOK
  2  WHERE  BOOKNAME ='C 程序设计';
```

查询修改之后的视图:

```
SQL >SELECT BOOKNAME,BOOKPUBLISH FROM V_BLGPUBLISHBOOK;
```

运行结果如下:

```
BOOKNAME                          BOOKPUBLISH
--------------------              --------------------
Oracle 数据库应用开发             北京理工大学出版社
```

2. 对复杂视图执行修改操作

对于包含多表关联、分组、聚合函数的复杂视图，不允许执行修改操作，可以通过创建 INSTEAD OF 触发器实现插入。

3. 对带有 WITH CHECK OPTION 约束的视图执行修改操作

对带有 WITH CHECK OPTION 约束的视图执行修改操作，要求满足约束的限定条件，否则，修改操作失败。

【例 8.11】 向带有 WITH CHECK OPTION 约束的视图 V_CHECK_BOOKPRICE 插入一行违反约束的数据，即插入单价高于 40 的图书。

```
SQL >INSERT INTO V_CHECK_BOOKPRICE
(ISBN,BookNo,BookName,BookWriter,BookPublish,Price,PublishDate)
VALUES('9787730224433','TP211.3 -16','计算机网络','孙雪','清华大学出版社',50,date'2018 -03 -15');
```

运行结果如下:

```
INSERT INTO V_CHECK_BOOKPRICE
(ISBN,BookNo,BookName,BookWriter,BookPublish,Price,PublishDate)
VALUES ('9787730224433','TP211.3 -16','计算机网络','孙雪','清华大学出版社',50,date'2018 -03 -15')

ORA -01402:视图 WITH CHECK OPTION where 子句违规
```

视图 V_CHECK_BOOKPRICE 要求必须单价小于 40，本例题中插入 50 元的图书，所以出现上述错误。

4. 只读视图只能查看，不能修改

8.5 任务4—管理视图

8.5.1 修改视图

1. 修改视图定义

如果要修改视图的定义，可以使用CREATE OR REPLACE VIEW语句重建视图，其实质是删除原来视图并重建该视图，但是会保留该视图上授予的各种权限。

注意，不能使用ALTER VIEW语句修改视图的定义。在Oracle中，使用在CREATE VIEW语句中增加OR REPLACE子句来修改视图的定义。

【例8.12】 更改视图V_BLGPUBLISHBOOK的定义，指定视图包含列名。

（1）修改视图定义。

```
SQL >CREATE OR REPLACE VIEW V_BLGPUBLISHBOOK(ISBN,NAME,PUBLISH,PRICE)
AS
SELECT ISBN,BOOKNAME,BOOKPUBLISH,PRICE FROM BOOK
WHERE BOOKPUBLISH ='北京理工大学出版社';
```

（2）查看视图定义。

重新查看视图V_BLGPUBLISHBOOK的定义：

```
SQL >SELECT VIEW_NAME,TEXT
FROM USER_VIEWS
WHERE VIEW_NAME ='V_BLGPUBLISHBOOK';
```

运行结果如下，可见定义视图的SELECT语句已经改变。

```
VIEW_NAME                    TEXT
------------------  ----------------------------------
V_BLGPUBLISHBOOK          SELECT ISBN, BOOKNAME, BOOKPUBLISH, PRICE
                          FROM BOOK
                          WHERE BOOKPUBLISH ='北京理工大学出版社'
```

（3）查看视图结构。

```
SQL >DESC V_BLGPUBLISHBOOK;
```

运行结果如下：

```
Name       Type         Nullable Default Comments
-------    ------       ------   ------  ------
ISBN       CHAR(13)
NAME       VARCHAR2(30)
```

```
PUBLISH VARCHAR2(20)  Y
PRICE   NUMBER(6,2)   Y
```

2. 修改视图，增加约束

【例 8.13】 修改视图 V_BLGPUBLISHBOOK，增加检查约束。

```
SQL >CREATE OR REPLACE VIEW V_BLGPUBLISHBOOK(ISBN,NAME,PUBLISH,
PRICE)
  2  AS
  3  SELECT ISBN,BOOKNAME,BOOKPUBLISH,PRICE FROM BOOK
  4  WHERE BOOKPUBLISH ='北京理工大学出版社';
  5  WITH CHECK OPTION;
```

3. 修改视图只读属性

【例 8.14】 修改视图 V_BLGPUBLISHBOOK，使其只读，即不能对此视图执行 INSERT、UPDATE 和 DELETE 操作。

```
SQL >CREATE OR REPLACE VIEW V_BLGPUBLISHBOOK(ISBN,NAME,PUBLISH,
PRICE)
  2  AS
  3  SELECT ISBN,BOOKNAME,BOOKPUBLISH,PRICE FROM BOOK
  4  WHERE BOOKPUBLISH ='北京理工大学出版社'
  5  WITH READ ONLY;
```

8.5.2 验证视图

在对视图的操作过程中，以下操作将导致视图无效：

①改变列名，或从基本表或视图中完全删除列。

②删除构建视图的基本表或视图。

③改变基本表或视图，使其无效，将导致视图无效。

使视图由无效变为有效的方法：

①使用 ALTER VIEW VIEW_NAME COMPILE 命令重新编译视图。

②使用 CREATE OR REPLACE VIEW 命令重新创建视图。

③修正视图所基于的基本表或视图。

【例 8.15】 修改基表，致使视图无效，重新编译基表，使其有效。

```
SQL >SELECT OBJECT_NAME,STATUS
     FROM USER_OBJECTS
WHERE OBJECT_NAME ='V_BLGPUBLISHBOOK';
```

运行结果如下：

```
OBJECT_NAME                STATUS
------------------         -------
V_BLGPUBLISHBOOK           VALID
```

3. 修改基表 BOOK

```
SQL >ALTER TABLE BOOK MODIFY(BOOKNAME VARCHAR2(50));
```

再次查看视图的有效性，运行结果如下：

```
OBJECT_NAME                STATUS
------------------         -------
V_BLGPUBLISHBOOK           INVALID
```

4. 重新编译，使视图有效

```
SQL >ALTER VIEW V_BLGPUBLISHBOOK COMPILE;
```

5. 再次查看视图的有效性

运行结果如下：

```
OBJECT_NAME                STATUS
------------------         -------
V_BLGPUBLISHBOOK           VALID
```

8.5.3　强制创建视图

当创建视图时，Oracle 会验证视图的有效性，使用 FORCE 选项定义视图，无论视图是否有效。

创建此类视图的原因：

①基表由 A 创建，而视图由 B 创建，使 B 的工作不依赖于 A。

②用户想在一个没有 SELECT 权限的表上创建视图。

【例 8.16】　创建基表不存在的视图。

1. 强制创建视图

```
SQL >CREATE FORCE VIEW INVALID_VIEW
  2  AS
  3  SELECT * FROM TABLE_NOT_EXIST;

Warning: View created with compilation errors
```

上述视图的基表 TABLE_NOT_EXIST 不存在，所以，系统提示警告，视图创建存在编译错误，但是不影响视图的创建。通过数据字典 USER_VIEWS 查看用户视图信息，如下：

```
SQL >SELECT VIEW_NAME FROM USER_VIEWS;
```

INVALID_VIEW 视图已存在，具体结果如下：

```
VIEW_NAME
--------------------
INVALID_VIEW
V_BLGPUBLISHBOOK
V_BOOK_READONLY
V_CHECK_BOOKPRICE
V_COMPUTERBOOK
```

2. 查看视图状态

```
SQL > SELECT OBJECT_NAME,STATUS
      FROM USER_OBJECTS
      WHERE OBJECT_NAME = 'INVALID_VIEW';
```

运行结果如下：

```
OBJECT_NAME              STATUS
--------------           -------
INVALID_VIEW             INVALID
```

由于视图所依赖的基表不存在，所以视图的状态为无效。

8.5.4 删除视图

删除视图的语法如下：

```
DROP VIEW view_name
```

【例 8.17】 删除视图 V_BLGPUBLISHBOOK：

```
DROP VIEW V_BLGPUBLISHBOOK;
```

项目小结

本项目完成了图书借阅网站系统的视图的创建，以及对视图进行查看、使用和管理的方法。

本项目重点需要掌握视图的概念及作用，以及视图的创建和使用方法。

项目拓展

1. 创建一个名为 VIEW_READERBORROW 的视图，查询读者的借阅信息，显示读者姓名、借阅图书名称及借阅的时间。

2. 创建一个名为 VIEW_BOOKTYPEBORROW 的视图，查询每类图书的借阅总次数。

习　　题

1. 选择题

（1）如果允许用户对视图进行更新和插入操作，但是又要防止用户将不符合视图约束条件的记录添加到视图，应当在定义视图时指定（　　）。

A. WITH GRANT OPTION　　B. WITH READ ONLY

C. WITH CHECK OPTION　　D. WITH CHECK ONLY

（2）在下列模式对象中，（　　）对象不会占用实际的存储空间。

A. 视图　　B. 表　　C. 索引　　D. 簇

（3）如果想查看视图中哪些字段是可以更新的，应当查询（　　）数据字典视图。

A. DBA_VIEWS　　B. DBA_OBJECTS

C. DBA_CLU_COLUMNS　　D. DBA_UPDATABLE_COLUMNS

2. 填空题

（1）在不为视图指定列名的情况下，视图列的名称将使用________。

（2）通过视图修改数据时，实际上是在修改________中的数据。

（3）在创建视图 CREATE VIEW 语句中，增加________关键字可以重新定义视图。

（4）在创建视图 CREATE VIEW 语句中，增加________关键字可以给视图创建增加检查条件。

（5）在创建视图 CREATE VIEW 语句中，增加________关键字可以给视图创建增加检查条件。

（6）用户可以通过________系统视图来查看视图的定义信息。

3. 简答题

（1）简述视图的概念。

（2）简述视图和表的区别。

项目9　创建与管理图书借阅网站项目序列和同义词

9.1　项目分析

在图书借阅网站系统数据库的使用过程中，随着数据的增多，管理员在向表中添加数据的时候，会出现新增的数据违反主键约束的问题。那么，能否为主键自动设置值，并且保证值的唯一性？同时，能否对于其他用户而言，屏蔽系统中对象的真实名称，以提高系统安全性？本项目实现系统的序列和同义词的创建、使用和管理问题。具体任务分解见表9-1。

表9-1　创建与管理图书借阅网站项目序列和同义词任务分解

序号	名称	任务内容	目标
1	序列	了解序列的作用，掌握创建、使用、更改及删除序列的方法	实现图书借阅项目网站序列的创建与管理
2	同义词	了解同义词的作用，掌握创建、更改及删除同义词的方法	实现图书借阅项目网站同义词的创建与管理

9.2　任务1—序列

9.2.1　序列概述

在Oracle中，序列（SEQUENCE）是一数据库对象，利用它可生成唯一的整数，最多可有38个数字，主要用来自动为表中的整型数值型的主键列提供有序的唯一值，从而保证主键值不重复的要求，避免人工录入错误。序列与视图一样，不占用存储空间，只是在数据字典中保存其定义。

9.2.2　创建序列

创建序列，语法如下：

```
CREATE SEQUENCE [USER.]SEQUENCE_NAME
[INCREMENT BY N]
[START WITH N]
```

```
[MAXVALUE N |NOMAXVALUE]
[MINVALUE N |NOMINVALUE]
[CYCLE |NOCYCLE];
```

其中：

①INCREMENT BY：指定序列号之间的间隔，该值可为正的或负的整数，但不可为0。序列为升序。忽略该子句时，缺省值为1。

②START WITH：指定生成的第一个序列号。在升序时，序列可从比最小值大的值开始，缺省值为序列的最小值；对于降序，序列可由比最大值小的值开始，缺省值为序列的最大值。

③MAXVALUE：指定序列可生成的最大值。

④NOMAXVALUE：为升序指定最大值为 10^{27}，为降序指定最大值为 -1，默认为NOMAXVALUE。

⑤MINVALUE：指定序列的最小值。

⑥NOMINVALUE：为升序指定最小值为1，为降序指定最小值为 -1 026。

⑦CYCLE：循环生成序列号。当递增序列达到最大值后，重新从最小值开始生成序列号；当递减序列达到最小值后，重新从最大值开始生成序列号。

⑧NOCYCLE：不循环生成序列号，默认为不循环。

【例9.1】 创建序列SEQ_USERS_ID，要求序列初始值为1，每次自动增长1，不循环生成序列值，没有最大值限制。

1. 授予图书借阅网站系统数据库开发用户BOOKUSER创建序列的权限

以管理员的身份连接：

```
SQL >CONN SYS/BOOKBORROW AS SYSDBA;
```

给用户赋予创建视图的权限：

```
SQL >GRANT CREATESEQUENCE TO BOOKUSER;
```

再次使用用户BOOKUSER连接成功：

```
SQL >CONN BOOKUSER/BOOKUSER;
```

2. 创建序列

```
SQL >CREATE SEQUENCE SEQ_USERS_ID
  2  START WITH 1
  3  INCREMENT BY 1
  4  NOCYCLE
  5  NOMAXVALUE;

Sequence created
```

9.2.3　使用序列

序列提供了两个值：CURRVAL 和 NEXTVAL，分别代表序列的当前值和下一个值，通过序列名 . CURRVAL 和序列名 . NEXTVAL 方法使用。创建序列之后，不能马上通过 CURRVAL 来查看序列的当前值，要通过 NEXTVAL 取完值后，再通过 CURRVAL 查看当前序列的值。

【例 9.2】　查看 SEQ_USERS_ID 的当前值和下一个值。

```
SQL >SELECT SEQ_USERS_ID.CURRVAL FROM DUAL; //查看序列当前值
```

提示错误信息：

```
SELECT SEQ_USERS_ID.CURRVAL FROM DUAL
      *
```

第 1 行出现错误：

ORA – 08002：序列 SEQ_USERS_ID. CURRVAL 尚未在此会话中定义。

因为还未使用序列，无值。

```
SQL >SELECT SEQ_USERS_ID.NEXTVAL FROM DUAL; //查看序列的下一个值
```

运行结果如下：

```
NEXTVAL
 --------
    1
```

【例 9.3】　使用序列 SEQ_USERS_ID 自动生成 USERS1 表中 ID 列值。

（1）先删除 USERS 表中数据，因为 USERS 表中 ID 列为主键，不允许插入重复值，而序列的值从 1 开始，因此，将表中现有数据全部删除，避免违反主键约束。

```
SQL >DELETE FROM USERS;
```

（2）使用序列，自动生成列值。

```
SQL > INSERT INTOUSERS(ID,NAME) VALUES(SEQ_USERS_ID.NEXTVAL,'张翔');
```

查看表中数据：

```
SQL >SELECT * FROM USERS;
```

运行结果为：

```
   ID          NAME            PWD
 -------    ----------      ----------
    2          张翔          111111
```

（3）查看序列当前值。

```
SQL >SELECT SEQ_USERS_ID.CURRVAL FROM DUAL;
```

运行结果为：

```
 CURRVAL
 --------
     2
```

（4）查看序列下一个值。

```
SQL >SELECT SEQ_USERS_ID.NEXTVAL FROM DUAL;
```

运行结果为：

```
CURRVAL
 --------
     3
```

（5）再次插入数据。

```
SQL >INSERT INTO USERS(ID,NAME) VALUES(SEQ_USERS_ID.NEXTVAL,'孙瑜');
```

查看表中数据：

```
SQL >SELECT * FROMUSERS;
```

运行结果为：

```
   ID          NAME          PWD
 ------      --------      --------
    2          张翔         111111
    3          孙瑜         111111
```

序列号的生成独立于表，所以，同一序列可用于一个或多个表。所生成的序列号可用于生成唯一的主键。

【例9.4】　创建表。

```
SQL >CREATE TABLEUSERS2
     (
         ID  Number,
         TEL   Varchar2(15)
         );
```

向表USERS2中插入一个新的记录：

```
SQL > INSERT INTOUSERS2 (ID,TEL) VALUES(SEQ_USERS_ID,'0413 -56618031');
```

查看表中数据：

```
SQL > SELECT * FROM USERS2;
```

运行结果为：

```
  ID            TEL
------     ---------------
   4      0413 -6618031
```

再向 USERS1 表中插值：

```
SQL > INSERT INTOUSERS(ID,NAME) VALUES(SEQ_USERS_ID,'宋铁');
```

查看表中数据：

```
SQL > SELECT * FROM USERS;
```

运行结果为：

```
  ID         NAME        PWD
-------    --------    --------
  2          张翔       111111
  3          孙瑜       111111
  5          宋铁       111111
```

9.2.4 更改序列

更改序列命令，语法结构如下：

```
ALTER SEQUENCE [user.]sequence_name
[INCREMENT BY n]
[MAXVALUE n | NOMAXVALUE ]
[MINVALUE n  | NOMINVALUE]
[CYCLE  | NOCYCLE];
```

修改序列可以：

①修改未来序列值的增量。

②设置或撤销最小值或最大值。

③改变缓冲序列的数目。

【例 9.5】 更改序列 SEQ_USERS_ID，设置序列的增量为 2，最大值为 100，可循环。

```
SQL > ALTER SEQUENCE SEQ_USERS_ID
  2  INCREMENT BY 2
  3  MAXVALUE 100
  4  CYCLE;

Sequence altered
```

9.2.5　删除序列

删除序列命令，语法如下：

```
DROP SEQUENCE [user.]sequence_name;
```

【例9.6】　删除序列 SEQ_USERS_ID：

```
SQL >DROP SEQUENCE SEQ_USERS_ID;
```

9.3　任务2—同义词

9.3.1　同义词概述

同义词是方案对象的别名。同义词可以屏蔽对象的名称和拥有者，以及通过为分布式数据库的远程对象提供位置透明来提供一个安全层。同义词使用方便，为数据库用户降低了SQL语句的复杂性。

同义词是数据库方案对象的一个别名，经常用于简化对象访问和提高对象访问的安全性。在使用同义词时，Oracle数据库将它翻译成对应方案对象的名字。与视图类似，同义词并不占用实际存储空间，只有在数据字典中保存了同义词的定义。

优点：

①应用程序开发可以不管数据库的具体对象名。

②避免应用程序直接访问数据库对象，提高数据库安全性。

9.3.2　创建同义词

可以使用 CREATE PUBLIC SYNONYM 语句创建同义词。

语法如下：

```
CREATE PUBLIC |PRIVATE SYNONYM Synonym_Name
FOR Object_Name;
```

【例9.7】　创建 USERS 的同义词 U：

(1) 授予图书借阅网站系统数据库开发用户 BOOKUSER 创建同义词的权限，具体如下。

以管理员的身份连接：

```
SQL >CONN SYS/BOOKBORROW AS SYSDBA;
```

给用户赋予创建视图的权限：

```
SQL >GRANT CREATESYNONYM TO BOOKUSER;
```

再次使用户 BOOKUSER 连接成功：

```
SQL >CONN BOOKUSER/BOOKUSER;
```

（2）创建同义词。

```
SQL >CREATE SYNONYM U FOR USERS;
```

（3）使用同义词。

使用同义词查看 USERS 表结构：

```
SQL >DESC U;
```

使用同义词查看 USERS 表数据：

```
SQL >SELECT * FROM U;
```

9.3.3 更改同义词

要更改同义词，可以使用如下语法格式：

```
Create [OR REPLACE synonym] synonym_name for Object_Name
```

其中：

①synonym_name，表示需要修改的同义词名称；

②Object_Name，定义需要创建同义词的对象。

【例 9.8】 修改同义词 U，使其代表 USERS2：

```
SQL >CREATE OR REPLACE SYNONYM U FOR USERS2;
```

9.3.4 删除同义词

DROPSYNONYM 语句删除指定同义词。

【例 9.9】 删除同义词 U；：

```
SQL >DROP SYNONYM U;
```

项目小结

本项目完成了图书借阅网站系统的序列及同义词的创建，包括其使用、更改及删除的方法。本项目重点需要了解序列及同义词的概念及作用，重点掌握序列的创建，以及为主键列设置值的方法，掌握同义词的定义和使用方法。

项目拓展

1. 创建一个名为 SEQ_READER 的序列，用于产生读者编号，起始值为 1，每次增长 1，不循环。

2. 使用 SEQ_READER 的序列，为读者表编号字段插入值。

3. 为 BOOK 表创建一个名为 SYN_B 的同义词。

4. 使用同义词 SYN_B 访问 BOOK 表。

习　题

1. 选择题

（1）在下列各选项中，关于序列的描述，不正确的是（　　）。

A. 序列是 Oracle 提供的用于产生一系列唯一数字的数据库对象

B. 序列并不占用实际的存储空间

C. 使用序列时，需要用到序列的两个伪列 NEXTVAL 与 CURRVAL。其中，NEXTVAL 将返回序列生成的下一个值，而 CURRVAL 返回序列的当前值

D. 在任何时候都可以使用序列的伪列 CURRVAL，以返回当前序列值

（2）在下列各选项中，关于同义词的描述，不正确的是（　　）。

A. 同义词是数据库对象的一个替代名，在使用同义词时，Oracle 会将其翻译为对应的对象名称

B. 在创建同义词时，所替代的模式对象必须存在

C. Oracle 中的同义词分为公有同义词和私有同义词

D. 数据库中所有的用户都可以使用公有同义词；私有同义词由创建它的用户所拥有

2. 填空题

（1）Oracle 中可以使用________________自动生成主键值。

（2）Oracle 中创建序列的语句为________________。

（3）序列提供了两个值，________________代表序列的当前值，________________代表下一个值。

（4）Oracle 中使用________________作为数据库方案对象的一个别名。

（5）Oracle 中同义词分为________________和________________。

（6）Oracle 中同义词的关键字是________________。

3. 简答题

（1）简述什么是序列。

（2）简述什么是同义词。

项目 10　实施图书借阅网站项目的 PL/SQL 开发

10.1　项目分析

在图书借阅网站系统数据库的开发过程中，对于复杂的功能，比如罚金的处理，不同类型的用户，需要先根据其结束日期和最大借书期限进行判断，然后得出超期天数，从而得出罚金。在此过程中，需要使用到分支结构，那么，如何进行结构化编程？本项目介绍系统 PL/SQL 开发基础。具体任务分解见表 10－1。

表 10－1　实施图书借阅网站项目的 PL/SQL 开发任务分解

序号	名称	任务内容	目标
1	PL/SQL 概述	了解什么是 PL/SQL 及其优点与作用	掌握 PL/SQL 编程的目的
2	PL/SQL 基础	掌握 PL/SQL 块结构、语法基础、数据类型、变量及常量的使用，还有流程控制的使用	掌握 PL/SQL 编程的基础知识
3	异常处理	掌握异常的概念及处理的方法	能够进行异常处理
4	常用函数	掌握 PL/SQL 中常用函数的使用	能够使用常用函数

10.2　任务 1—PL/SQL 概述

PL/SQL 也是一种程序语言，叫作过程化 SQL 语言（Procedural Language/SQL）。PL/SQL 是 Oracle 数据库对 SQL 语句的扩展，适用于各种环境下对 Oracle 数据库进行访问和开发。在普通 SQL 语句的基础上增加了编程语言的特点，用户可以使用 PL/SQL 编写具有复杂逻辑判断、循环等的过程、函数、程序包、触发器等。

PL/SQL 是 Oracle 对标准数据库语言 SQL 的过程化扩充，它将数据库技术和过程化程序设计语言联系起来，是一种应用开发语言，可使用循环、分支处理数据，将 SQL 的数据操作功能与过程化语言数据处理功能结合起来。PL/SQL 的使用，使 SQL 成为一种高级程序设计语言，支持高级语言的块操作、条件判断、循环语句、嵌套等。与数据库核心的数据类型集成，使 SQL 的程序设计效率更高。

使用 PL/SQL 可以编写具有很多高级功能的程序，虽然通过多个 SQL 语句可能也能实现同样的功能，但是相比而言，PL/SQL 具有更为明显的一些优点：

①能够使一组 SQL 语句的功能更具模块化程序特点；

②采用了过程性语言控制程序的结构；

③可以对程序中的错误进行自动处理，使程序能够在遇到错误的时候不会被中断；

④具有较好的可移植性，可以移植到另一个 Oracle 数据库中；

⑤集成在数据库中，调用更快；

⑥减少了网络的交互，有助于提高程序性能。

通过多条 SQL 语句实现功能时，每条语句都需要在客户端和服务端传递，并且每条语句的执行结果也需要在网络中进行交互，占用了大量的网络带宽，消耗了大量网络传递的时间，而在网络中传输的那些结果，往往都是中间结果，而不是我们所关心的。

使用 PL/SQL 程序是因为程序代码存储在数据库中，程序的分析和执行完全在数据库内部进行，用户所需要做的就是在客户端发出调用 PL/SQL 的执行命令，数据库接收到执行命令后，在数据库内部完成整个 PL/SQL 程序的执行，并将最终的执行结果反馈给用户。在整个过程中，网络里只传输了很少的数据，减少了网络传输占用的时间，所以整体程序的执行性能会有明显的提高。

10.3 任务2—PL/SQL 基础

10.3.1 块结构

PL/SQL 语言可划分为称为块（Block）的结构，每一个块都包含有 PL/SQL 和 SQL 语句。块是 PL/SQL 程序中最基本的结构。

PL/SQL 的块由变量声明、程序代码和异常处理代码三部分组成。

```
DECLARE          -- 标记声明部分
…                -- 此处用来定义常量、变量、类型和游标等
BEGIN            -- 标记程序体部分开始
…                -- 此处用来编写各种 PL/SQL 语句、函数和存储过程
EXCEPTION        -- 标记异常处理部分开始
…                -- 此处用来编写异常处理代码
END;             -- 标记程序体部分结束
/                -- 程序运行标记
```

1. 声明部分

以关键字 DECLARE 标记声明部分，此部分为可选项。在此声明变量、常量、数据类型、游标、一次处理名称等，需要注意，此处声明的变量对本块来说是局部变量，即不能从块的外部访问这些变量。声明总是放在块的开始。

2. 执行部分

以关键字 BEGIN 开始、以 EXCEPTION 或 END 结束的部分为执行部分，是 PL/SQL 块的功能实现部分。此部分为必选项。该部分通过变量赋值、流程控制、数据查询、数据操纵、数据定义、事务控制等实现块的功能。

3. 异常处理部分

以关键字 EXCEPTION 开始、以 END 结束的部分为异常处理部分。此部分为可选项。该部分负责处理该块执行过程中产生的异常。

块中每一条语句都由分号（;）结尾，整个块由关键字 END 标志结束。另外，编写完的块如果要执行，需要增加“/”来运行。

【例 10.1】 计算两个数的商，如果除数是零，则异常处理，提示“除数为零”。

```
SQL >SET ServerOutput ON;
SQL >DECLARE
      /* 声明变量 */
       var_dividend  number;                    --声明被除数变量
       var_divisor  number;                     --声明除数变量
       var_quotient  number;                    --声明商变量
    BEGIN
        var_dividend: =6;
        var_divisor: =0;
        var_quotient: = var_dividend/var_divisor;
        --使用“: =”为变量赋值
        dbms_output.put_line('var_ divisor ='||var_divisor);
--输出变量 var_ divisor
    EXCEPTION
      When ZERO_DIVIDE then
        dbms_output.put_line('除数为零');
    END;
    /
```

执行结果如下：

```
var_ divisor = 2

PL/SQL PROCEDURE SUCCESSFULLY COMPLETED
```

如果将 var_divisor 赋值为 0，则运行结果如下：

```
除数为零

PL/SQL PROCEDURE SUCCESSFULLY COMPLETED
```

上述程序解释如下：

①使用 SET ServerOutput ON 命令设置环境变量 ServerOutput 为打开状态，以使 PL/SQL 程序能够在 SQL * Plus 中输出结果。

②本块包含三部分：声明部分、执行部分和异常处理部分。在声明部分声明了三个变量：var_dividend、var_divisor 和 var_quotient，分别用来临时保存被除数、除数和商；执行部分实现了被除数除以除数，并将商赋值给变量 var_quotient；如果出现异常，即除数为零的话，进入异常处理，并输出提示“除数为零”。

③函数 dbms_output. put_line( ) 用于输出变量的值，其中，“‖”为连接符。

10.3.2 语法基础

在写 PL/SQL 语句时，必须遵循一些基本的语法，下面是 PL/SQL 程序代码的基本语法要求。

1. 标识符命名规则

①名称最多可以包含 30 个字符；

②能直接使用保留字，如果需要，使用双引号括起来；

③第一个字符必须以字母开始；

④不要用数据库的表或者科学计数法表示。

还有一些语法相关的规则：

①在 PL/SQL 程序中出现的字符值和日期值必须用单引号括起；

②数字值可以使用简单数字或者科学计数法表示。

2. 注释

在程序中最好养成添加注释的习惯，使用注释可以使程序更清晰，使开发者或者其他人员能够很快地理解程序的含义和思路。在程序中添加注释可以采用：

①/＊和＊/之间的多行注释；

②以 -- 开始的单行注释。

10.3.3 数据类型

PL/SQL 的数据类型可以分为四类，分别是标量类型、复合类型、引用类型和 LOB 类型。标量类型没有内部组件；复合类型包含了能够被单独操作的内部组件；引用类型类似于 C 语言中的指针，能够引用一个值；LOB 类型的值就是一个 lob 定位器，能够指示出大对象（如图像）的存储位置。

1. 标量类型

常用标量类型可分为四类：数字、字符、布尔和日期/时间。

（1）数字类型。

NUMBER（precision，scale），以十进制形式存储整数和浮点数，它的取值范围为 $1.0\times10^{-130}\sim9.99\times10^{125}$。precision 指定精度，指所有有效数字位数，取值范围为 1 ~ 38；scale 指定标度，指包含的小数位数。

BINARY_INTEGER 用于表示带符号的整数，它的取值范围为 -2 147 483 647 ~ 2 147 483 647。PLS_INTEGER 值和 BINARY_INTEGER 值比 NUMBER 值占用更少的存储空间，但是，BINARY_INTEGER 操作较 PLS_INTEGER 操作慢。

PLS_INTEGER 用于存储带符号的整数，取值范围与 BINARY_INTEGER 的取值范围相同。该类型的操作速度比 NUMBER 和 BINARY_INTEGER 类型的快。当 PLS_INTEGER 类型的值算术运算溢出时，会出现错误；而 BINARY_INTEGER 类型值的算术运算溢出时，如果将该结果赋给 NUMBER 类型的变量，不会出现错误。

（2）字符类型。

CHAR[（maximum_lenth）] 表示固定长度的字符数据。maximum_lenth 最大值 32 767，缺省为 1；数据库 char 类型列的最大长度为 2 000，别名 CHARACTER。

VARCHAR2(maximum_lenth) 表示变长字符类型。maximum_lenth 最大值 32 767；数据库 varchar2 类型列的最大长度为 4 000。

NCHAR[(maximum_lenth)] 同 CHAR、NLS 字符数据。

NVARCHAR2(maximum_lenth) 同 VARCHAR2、NLS 字符数据。

LONG 可变长字符数据，最大长度为 32 760。

(3) 布尔类型。

BOOLEAN 类型只能在 PL/SQL 中使用，其取值为逻辑值，用于存储逻辑值：TRUE、FALSE、NULL。BOOLEAN 类型的变量只能用在逻辑操作中。

(4) 日期/时间类型。

DATE 类型，存储日期和时间信息，包括世纪、年、月、日、分和秒，不包括秒的小数部分。

TIMESTAMP[(precision)] 类型，precision 是可选参数，用于指定秒的小数部分数字个数。参数 precision 有效范围是 0 到 9，默认值是 6。

INTERVAL YEAR[(precision)] TO MONTH 类型，用来保存年月的间隔，precision 指定间隔的年数。参数 precision 范围为 1 ~4，默认值是 2。

INTERVAL DAY[(leading_precision)] TO SECOND[(fractional_seconds_precision) 类型，用来存储和操作天数、小时、分钟和秒。leading_precision 和 fractional_seconds_precision 分别指定了天数和秒数。其取值范围为 0 ~9 之间的整数。它们的默认值分别为 2 和 6。

2. 复合类型

复合类型包括记录类型和集合类型。

(1) 记录类型。

记录类型类似于 C 语言中的结构体，是一个包含若干个成员分类的复合类型。在使用记录类型时，需要先在声明部分定义记录类型和记录类型的变量，然后在执行部分引用该记录类型变量或其成员分量。

(2) 集合类型。

集合类型与记录类型的区别在于，记录类型中的成员分量可以是不同的类型，类似于结构体，而集合类型中所有的成员分量必须具有相同的数据类型，类似于数组。

3. 引用类型

类似于 C 语言中的指针类型。在 PL/SQL 中，引用类型包括游标的引用类型和对象的引用类型，即 REF CURSOR 和 REF object_type。使用引用类型定义的变量称为引用变量。通过使用引用变量，可以使应用程序共享相同的存储空间，提高程序运行的效率，特别是数据交换的效率。

4. LOB 类型

LOB 类型包括 BLOB、CLOB、NCLOB 和 BFILE 四种类型。其中，BLOB 存放二进制数据，CLOB 和 NCLOB 存放文本数据，而 BFILE 存放指向操作系统文件的指针。LOB 类型变量可以存储 4 GB 的数据量。

10.3.4 变量与常量

用户使用的所有变量和常量必须在程序块中的声明部分定义。定义变量和常量的语法如下：

```
    variable_name [CONSTANT] datatype [NOT NULL] [DEFAULT |: = expres-
sion];
```

其中：

①variable_name 需要满足标识符命名规则；

②每行只能定义一个变量；

③使用 CONSTANT 定义常量，且必须为其赋初值；

④如果定义变量时使用了 NOT NULL 关键字，则必须为变量赋初值；

⑤使用 DEFAULT 或“：=”为变量初始化。

【例 10.2】　声明变量与常量部分。

```
SQL > DECLARE
     var1 number(2);
     var2 number(3) not null : =111;
     var3 CONSTANT number(4) DEFAULT 300;
     BEGIN
       var1: =12;
       DBMS_OUTPUT.PUT_LINE(var1);
       DBMS_OUTPUT.PUT_LINE(var2);
       DBMS_OUTPUT.PUT_LINE(var3);
     END;
     /
```

运行结果如下：

```
12
111
300

PL/SQL 过程已成功完成
```

如果要定义某个变量的数据类型与数据库表中某个列的数据类型一致时，可以利用% TYPE来实现。如果定义一个与数据库中的某个表结构一致的记录类型的变量，可以使用% ROWTYPE 来实现。

【例 10.3】　定义变量 VAR_NAME 与 USERS 中的 NAME 字段的类型一样，定义变量 VAR_USERS 与 USERS 表结构一致，并输出显示编号为 2 的管理员姓名。

```
SQL > SET SERVEROUTPUT ON;
SQL >  DECLARE
 2          VAR_NAME USERS.NAME% TYPE;
```

```
      VAR_USERS USERS% ROWTYPE;
BEGIN
      SELECT NAME INTO VAR_NAME FROM USERS WHERE ID =2;
      SELECT * INTO VAR_USERS FROM USERS WHERE ID =2;
      DBMS_OUTPUT.PUT_LINE(VAR_NAME);
      DBMS_OUTPUT.PUT_LINE(VAR_USERS.NAME);
END;
/
```

运行结果如下：

```
张翔
张翔
PL/SQL procedure successfully completed
```

VAR_USERS 为记录类型，与 USERS 表结构一致，包含编号为 1 的客户的 ID、NAME、PWD 全部字段值。如果要显示此记录的内容，只能分别显示其每个值，通过“.”的方式引用。

变量的作用域是指变量的有效作用范围，从变量声明开始，直到块结束。如果 PL/SQL 块互相嵌套，则在内部块中声明的变量是局部的，只能在内部块中引用；而在外部块中声明的变量是全局的，既可以在外部块中引用，也可以在内部块中引用。如果内部块与外部块定义了同名变量，则在内部块中引用外部块的全局变量，需要使用外部块名进行标识。

10.3.5 流程控制

1. 选择结构

(1) 条件语句 IF。

可以使用条件语句 IF 来实现选择结构。具体语法如下：

```
IF <条件表达式>THEN
   <执行语句>... <执行语句 n>
[ELSIF <条件表达式>THEN
   <执行语句>... <执行语句 n>
...
ELSE
  <执行语句>]
END IF;
```

【例 10.4】 图书馆中会将近 1 年的书即新书单独放置在新书馆中，而 10 年内的书放在正常的借阅馆中，超过 10 年的经典书籍放到藏书馆中。使用 IF 语句判读一本书的出版时长。

```
SQL > SET ServerOutput ON;
SQL > DECLARE
        NUM INTEGER;
    BEGIN
        SELECT EXTRACT( YEAR FROM SYSDATE) - EXTRACT( YEAR FROM
        PUBLISHDATE)  INTO NUM FROM BOOK WHERE ISBN =
        '9787730224478';
        IF NUM < =1 THEN
            DBMS_OUTPUT.PUT_LINE('新书');
        ELSIF NUM < =10 THEN
            DBMS_OUTPUT.PUT_LINE('借阅书');
        ELSE
            DBMS_OUTPUT.PUT_LINE('馆藏书');
        END IF;
    END;
     /

借阅书
PL/SQL procedure successfully completed
```

EXTRACT(YEAR FROM SYSDATE) 为获取当前系统时间的年份，得到一个整数值，将当前的年份减去图书出版时间的年份，即得到图书的出版时长，然后进行判断。

(2) 分支语句 CASE。

可以使用分支语句 CASE 来实现多分支选择结构。具体语法如下：

```
CASE < 变量 >
  WHEN < 表达式 1 > THEN 值 1
  WHEN < 表达式 2 > THEN 值 2
  …
  WHEN < 表达式 n > THEN 值 n
  ELSE 值 n +1
END;
```

【例 10.5】　使用 CASE 语句根据给定的整数输出对应的星期值，数字 1 ~ 7 分别对应星期一至星期日。

```
SQL > SET ServerOutput ON;
SQL > DECLARE
          varDAY INTEGER : = 7;
          Result VARCHAR2(20);
```

```
    BEGIN
       Result := CASE varDAY
         WHEN 1 THEN '星期一'
         WHEN 2 THEN '星期二'
         WHEN 3 THEN '星期三'
         WHEN 4 THEN '星期四'
         WHEN 5 THEN '星期五'
         WHEN 6 THEN '星期六'
         WHEN 7 THEN '星期日'
         ELSE '数据越界'
       END;
       dbms_output.put_line(Result);
    END;
    /
```

运行结果如下：

```
星期日

PL/SQL PROCEDURE SUCCESSFULLY COMPLETED
```

2. 循环结构

（1）循环语句 LOOP…EXIT…END。

重复执行循环体中的程序块，直到执行 EXIT 语句，则退出循环。当条件表达式的值为真时，执行 EXIT 语句，退出循环。具体语法如下：

```
LOOP
  <程序块1>
 IF <条件表达式> THEN
    EXIT
 END IF
  <程序块2>
END LOOP;
```

【例 10.6】 使用 LOOP…EXIT…END 语句计算 1 ~ 10 的和。

```
SQL>SET ServerOutput ON;
SQL>DECLARE
        v_Num INTEGER := 1;
        v_Sum INTEGER := 0;
     BEGIN
        LOOP
```

```
        v_Sum := v_Sum + v_Num;
        IF v_Num = 10 THEN
            EXIT;
        END IF;
        v_Num := v_Num + 1;
      END LOOP;
      dbms_output.put_line(v_Sum);
    END;
    /
```

运行结果如下：

```
55

PL/SQL PROCEDURE SUCCESSFULLY COMPLETED
```

（2）循环语句 LOOP…EXIT WHEN…END。

重复执行循环体中的程序块，直到满足 EXIT WHEN 后面的判断语句，则退出循环。具体语法如下：

```
LOOP
  <程序块 1>
 EXIT WHEN <条件表达式>
  <程序块 2>
END LOOP;
```

【例 10.7】　用 LOOP…EXIT WHEN…END 语句来实现 1～100 的求和。

```
SQL>SET ServerOutput ON;
SQL>DECLARE
        v_Num INTEGER := 1;
        v_Sum INTEGER := 0;
    BEGIN
        LOOP
          v_Sum := v_Sum + v_Num;
          EXIT WHEN v_Num = 10;
          v_Num := v_Num + 1;
        END LOOP;
        dbms_output.put_line(v_Sum);
    END;
    /
```

运行结果如下：

```
55

PL/SQL PROCEDURE SUCCESSFULLY COMPLETED
```

(3) 循环语句 WHILE…LOOP…END LOOP。

当 WHILE 后面的条件语句成立时，重复执行循环体中的程序块。具体语法如下：

```
WHILE <条件表达式>
 LOOP
    <程序块>
 END LOOP;
```

【例 10.8】 用 WHILE…LOOP…END LOOP 语句来实现 1 ~ 100 的求和。

```
SQL>SET ServerOutput ON;
SQL>DECLARE
        v_Num INTEGER := 1;
        v_Sum INTEGER := 0;
     BEGIN
        WHILE v_Num <= 10
           LOOP
             v_Sum := v_Sum + v_Num;
             IF v_Num >10 THEN
                EXIT;
             END IF;
             v_Num := v_Num + 1;
           END LOOP;
        dbms_output.put_line(v_Sum);
     END;
     /
```

运行结果如下：

```
55

PL/SQL PROCEDURE SUCCESSFULLY COMPLETED
```

(4) 循环语句 FOR…IN…LOOP…END LOOP。

定义一个循环变量，并指定循环变量的初始值和终止值。每循环一次，循环变量自动加 1。具体语法如下：

```
FOR <循环变量> IN <初始值>... <终止值>
  LOOP
```

```
  <程序块>
 END LOOP;
```

【例 10.9】　用 FOR…IN…LOOP…END LOOP 语句来实现 1 ~ 100 的求和，代码如下。

```
SQL >SET ServerOutput ON;
SQL >DECLARE
        v_Num INTEGER;
        v_Sum INTEGER := 0;
     BEGIN
        FOR v_Num IN 1..10
        LOOP
          v_Sum := v_Sum + v_Num;
          IF v_Num >10 THEN
             EXIT;
          END IF;
        END LOOP;
        dbms_output.put_line(v_Sum);
     END;
     /
```

运行结果如下：

```
55

PL/SQL PROCEDURE SUCCESSFULLY COMPLETED
```

10.4　任务 3—异常处理

PL/SQL 程序在运行过程中，可能会出现错误或异常情况，例如无法建立到 Oracle 的连接或除数为 0 等。好的程序应该对可能发生的异常情况进行处理，异常处理代码在 EXCEPTION 块中实现。

用 WHEN 语句来定义异常处理：

```
EXCEPTION
  WHEN <异常情况名>THEN
   <异常处理代码>
  WHEN <异常情况名>THEN
   <异常处理代码>
  ...
```

```
  WHEN OTHERS THEN
   <异常处理代码>
```

【例 10.10】 下面是一个数据类型错误导致的异常处理的例子：

```
SQL >  DECLARE
           x NUMBER;
       BEGIN
           x: ='aa';
       EXCEPTION
           WHEN VALUE_ERROR THEN
              DBMS_OUTPUT.PUT_LINE('数据类型错误');
       END;
       /
```

运行结果如下：

```
数据类型错误


PL/SQL PROCEDURE SUCCESSFULLY COMPLETED
```

上述程序中，VALUE_ERROR 为异常情况名。

【例 10.11】 下面是一段与数据库操作有关的异常处理代码：

```
SQL >SET SERVEROUTPUT ON;
SQL >DECLARE
         var_Name VARCHAR(40);
     BEGIN
         SELECTName INTO var_Name
         FROMUSERS WHERE Type  = 3;
     EXCEPTION
         WHEN NO_DATA_FOUND THEN
            DBMS_OUTPUT.PUT_LINE('没有数据');
         WHEN TOO_MANY_ROWS THEN
            DBMS_OUTPUT.PUT_LINE('返回多行匹配的数据');
         WHEN OTHERS THEN
            DBMS_OUTPUT.PUT_LINE('未知错误');
     END;
     /
```

运行结果如下：

```
返回多行匹配的数据

PL/SQL PROCEDURE SUCCESSFULLY COMPLETED
```

从表USERS中读取用户类型编号为1的用户名，并赋值到变量var_Name中，此时可能存在3种情况：

①返回一行数据，并将结果赋值到变量var_Name中。

②没有满足条件的数据，引发NO_DATA_FOUND异常。

③返回多行满足条件的数据，引发TOO_MANY_ROWS异常。

如果不是这两种情况导致的异常，则由WHEN OTHERS THEN语句处理，显示“未知错误”。

10.5　任务4—常用函数

PL/SQL程序中，常用的函数有如下几类：

①数值型函数；

②字符型函数；

③日期型函数；

④统计函数。

10.5.1　数值型函数

1. 绝对值函数

ABS函数返回给定数字表达式的绝对值。

【例10.12】　计算-8的绝对值。

```
SQL>SET ServerOutput ON;
SQL>BEGIN
        dbms_output.put_line(ABS(-8));
    END;
    /
```

运行结果如下：

```
8
PL/SQL PROCEDURE SUCCESSFULLY COMPLETED
```

2. CEIL函数

CEIL函数返回大于或等于所给数字表达式的最小整数。

【例10.13】　分别对正数、负数和0计算CEIL。

```
SQL>SET ServerOutput ON;
SQL>BEGIN
```

```
        dbms_output.put_line(CEIL(123.45));
        dbms_output.put_line(CEIL( -123.45));
        dbms_output.put_line(CEIL(0));
    END;
    /
```

运行结果如下:

```
124
 -123
0
PL/SQL PROCEDURE SUCCESSFULLY COMPLETED
```

3. FLOOR 函数

FLOOR 函数返回小于或等于所给数字表达式的最大整数。

【例 10.14】 分别对正数、负数和 0 计算 FLOOR。

```
SQL >SET ServerOutput ON;
SQL >BEGIN
        dbms_output.put_line(FLOOR(123.45));
        dbms_output.put_line(FLOOR( -123.45));
        dbms_output.put_line(FLOOR(0));
    END;
    /
```

运行结果如下:

```
123
 -124
0
PL/SQL PROCEDURE SUCCESSFULLY COMPLETED
```

4. POWER 函数

POWER 函数返回给定表达式乘指定次方的值。

【例 10.15】 执行以下命令，计算 10^2。

```
SQL >SET ServerOutput ON;
SQL >BEGIN
        dbms_output.put_line(POWER(10,2));
    END;
    /
```

运行结果如下:

```
100
PL/SQL PROCEDURE SUCCESSFULLY COMPLETED
```

5. ROUND 函数

ROUND 函数返回数字表达式并四舍五入为指定的长度或精度。

【例 10.16】　执行以下命令，注意观察长度变化对结果的影响。

```
SQL > SET ServerOutput ON;
SQL > BEGIN
        dbms_output.put_line(ROUND(123.456,2));
        dbms_output.put_line(ROUND(123.456,1));
        dbms_output.put_line(ROUND(123.456,0));
        dbms_output.put_line(ROUND(123.456,-1));
        dbms_output.put_line(ROUND(123.456,-2));
        dbms_output.put_line(ROUND(123.456,-3));
      END;
      /
```

运行结果如下：

```
123.46
123.5
123
120
100
0
PL/SQL PROCEDURE SUCCESSFULLY COMPLETED
```

6. ROUND 函数

TRUNC 函数返回处理后的数值，其工作机制与 ROUND 函数的极为类似，只是该函数不对指定小数前或后的部分做相应舍入选择处理，而是统统截去。

其具体的语法格式如下：

```
TRUNC(number[,decimals])
```

其中：

①number，待做截取处理的数值；

②decimals，指明需保留小数点后面的位数。可选项，忽略它，则截去所有的小数部分。

【例 10.17】　执行以下命令，注意观察长度变化对结果的影响。

```
SQL > SET ServerOutput ON;
SQL > BEGIN
        dbms_output.put_line(TRUNC(89.985,2));
```

```
        dbms_output.put_line(TRUNC(89.985));
        dbms_output.put_line(TRUNC(89.985,-1));
    END;
    /
```

运行结果如下：

```
89.98
89
80
PL/SQL PROCEDURE SUCCESSFULLY COMPLETED
```

10.5.2　字符型函数

1. ASCII 函数

ASCII 函数返回字符表达式最左端字符的 ASCII 代码值。

【例 10.18】　执行以下命令，输出字符 A 的 ASCII 码。

```
SQL > SET ServerOutput ON;
SQL > BEGIN
          dbms_output.put_line(ASCII('ABC'));
      END;
      /
```

运行结果如下：

```
65
PL/SQL PROCEDURE SUCCESSFULLY COMPLETED
```

2. LENGTH 函数

LENGTH 函数返回给定字符串表达式的字符（而不是字节）个数，其中不包含尾随空格。

【例 10.19】　返回部门名称的字符串长度：

```
SQL > SELECTName,LENGTH(Name) FROM USERS
      WHEREType = 3;
```

运行结果如下：

```
NAME                           LENGTH(NAME)
-------------------          ---------------
Mary                                 4
Peter                                5
```

3. UPPER 函数

UPPER 函数返回将小写字符数据转换为大写的字符表达式。

【例 10.20】　将字符串‘abc’转换为大写字母,

```
SQL > SET ServerOutput ON;
SQL > BEGIN
        dbms_output.put_line(UPPER('abc'));
      END;
      /
```

运行结果如下:

```
ABC
PL/SQL PROCEDURE SUCCESSFULLY COMPLETED
```

10.5.3　日期型函数

1. SYSDATE 函数

SYSDATE 函数返回当前日期和时间。

【例 10.21】　输出当前的日期信息。

```
SQL > SET ServerOutput ON;
SQL > BEGIN
          dbms_output.put_line(SYSDATE);
      END;
      /
```

运行结果如下:

```
25 -6 月 -13
PL/SQL PROCEDURE SUCCESSFULLY COMPLETED
```

2. TO_CHAR 函数

TO_CHAR 函数转换日期为字符串。

【例 10.22】　将当前日期转换为字符串后再输出。

```
SQL > SET ServerOutput ON;
SQL > BEGIN
          dbms_output.put_line(TO_CHAR(SYSDATE));
      END;
      /
```

运行结果如下:

```
23 -10 月 -18
PL/SQL PROCEDURE SUCCESSFULLY COMPLETED
```

3. LAST_DAY 函数

LAST_DAY 函数返回包含日期 d 的月份的最后一天的日期。这个函数可以被用来确定当前月中还剩下多少天。

【例 10.23】 输出当前月份的最后一天。

```
SQL > SET ServerOutput ON;
SQL > BEGIN
          dbms_output.put_line(LAST_DAY(SYSDATE));
      END;
      /
```

运行结果如下：

```
31 -10 月 -18
PL/SQL PROCEDURE SUCCESSFULLY COMPLETED
```

项目小结

本项目完成了图书借阅网站系统中的 PL/SQL 程序基础开发，介绍了 PL/SQL 块结构、语法基础、数据类型、变量常量及流程控制，还用异常处理的方法，常用函数的使用方法。

本项目为后续存储过程、触发器等项目的基础，重点要掌握 PL/SQL 的程序设计结构。

习　　题

1. 选择题

(1) 以下定义的（　　）变量是非法的。

A. var_ab NUMBER(3);　　B. var_ab NUMBER(3)NOT NULL: ='0';

C. var_ab NUMBER(3)DEFAULT: =1;　　D. var_ab NUMBER(3): =3;

(2) 下列（　　）不是 BOOLEAN 变量可能的取值。

A. TRUE　　B. FALSE　　C. NULL　　D. BLANK

(3) 声明%TYPE 类型的变量时，服务器将会（　　）。

A. 为该变量检索数据库列的数据类型　　B. 复制一个变量

C. 检索数据库中的数据　　D. 为该变量检索列的数据类型和值

(4) 下列（　　）可以正确引用记录表变量中的一个值。

A. tab_abc(1);　　B. tab_abc(1). col　　C. tab_abc. col;　　D. tab_abc. first();

(5) 如果 PL/SQL 程序块的可执行部分引发了一个错误，则程序的执行顺序将发生（　　）变化。

A. 程序将转到 EXCEPTION 部分运行　　B. 程序将中止运行

C. 程序仍然正常运行　　D. 以上都不对

(6) 用下列代码块回答问题：

```
SQL > select ______( -45) as output from dual;
  OUTPUT
  ------
   -45
```

下列（　　）单行函数无法产生这个输出。

A. abs()　　B. ceil()　　C. floor()　　D. round()

（7）表中的某一列为VARCHAR2，其数值为SMITHY，应用程序在右侧填充7个空格。length()函数处理这个列值时，返回（　　）。

A. 6　　B. 13　　C. 30　　D. 60

（8）在SQL ＊Plus中执行下列语句：

```
SQL > select ceil( -97.342),
  2  floor( -97.342),
  3  round( -97.342),
  4  trunc( -97.342)
  5  from dual;
```

下列函数不返回结果 -97 的是（　　）。

A. ceil()　　B. floor()　　C. round()　　D. trunc()

（9）在Oracle中执行下列查询：

```
SQL > select months_between('15 -11 月 -83','15 -11 月 -97') from dual;
```

Oracle返回（　　）。

A. 14　　B. -14　　C. 168　　D. -168

2. 填空题

（1）PL/SQL程序块主要包含3个部分：__________、__________和__________。

（2）在PL/SQL中，如果SELECT语句没有返回列，则会引发Oracle错误，并引发__________异常；返回多行满足条件的数据，引发__________异常。

（3）在PL/SQL中，异常处理代码在__________块中实现。

（4）PL/SQL中，函数ABS(-3)的值为__________。

（5）PL/SQL中，函数POWER(4，2)的值为__________。

（6）__________函数返回给定字符串表达式的字符（而不是字节）个数。

（7）__________函数返回当前日期和时间。

（8）__________函数返回组中项目的数量。

3. 简答题

（1）什么是PL/SQL语言?

（2）简述PL/SQL程序的构成。

（3）简述PL/SQL程序中的选择结构有几种。

（4）简述PL/SQL程序中的选择结构有几种。

4. 读程序写结果

（1）查看下面的程序块，DBMS_OUTPUT 将显示________。

```
DECLARE
var_a CHAR(1):='N';
BEGIN
DECLARE
var_a CHAR(2);
BEGIN
var_a:='Y';
END;
DBMS_OUTPUT.put_line(var_a);
END;
```

（2）查看下面的程序块，其中变量 var_b 的结果为________。

```
DECLARE
Var_a number:=1200;
Var_b number;
BEGIN
    IF var_a >500 THEN
        var_b:=5;
    ELSIF var_a >1000 THEN
        var_b:=10;
    ELSE
        var_b:=8;
    END IF;
END;
```

（3）下列程序计算由 0～9 之间的任意 3 个不相同的数字组成的三位数的不同的组合方式，共有________种。完成下列程序，使其能够正确运行。

```
DECLARE
counter number:=0;
BEGIN
    FOR i IN 1..9 LOOP
        FOR j IN 0..9 LOOP
            IF ________ THEN
```

```
                FOR k IN 0..9 LOOP
                    IF ________________________ THEN
                         counter:=counter+1;
                    END IF;
                END LOOP;
           END IF;
        END LOOP;
    END LOOP;
DBMS_OUTPUT.put_line(counter);
END;
```

项目 11　创建与管理图书借阅网站项目游标

11.1　项目分析

在图书借阅网站系统数据库的开发过程中，如何能对查询出来的结果集进行处理，定位结果集中的数据？本项目实现系统游标的开发。具体任务分解见表 11－1。

表 11－1　创建与管理图书借阅网站项目游标任务分解

序号	名称	任务内容	目标
1	PL/SQL 概述	了解什么是 PL/SQL 及其优点与作用	掌握 PL/SQL 编程的目的
2	PL/SQL 基础	掌握 PL/SQL 块结构、语法基础、数据类型、变量及常量的使用，还有流程控制的使用	掌握 PL/SQL 编程的基础知识
3	异常处理	掌握异常的概念及处理的方法	能够进行异常处理
4	常用函数	掌握 PL/SQL 中常用函数的使用	能够使用常用函数

11.2　任务 1—游标概述

11.2.1　游标的概念

由 SELECT 语句返回的行集合叫作结果集。应用程序，尤其是互动和在线应用程序，把完整的结果集作为一个单元处理并不总是有效的。这些应用程序需要一种机制来一次处理一行或连续的几行，而游标是对提供这一机制的结果集的扩展。游标跟踪结果集中的位置，并允许对结果集逐行执行多个操作，游标从概念上来讲，是基于数据库的表返回结果集。由于它指示结果集中的当前位置，就像计算机屏幕上的光标指示当前位置一样，“游标”由此得名。简而言之，游标就是一种定位并控制结果集的机制。

用数据库语言来描述，游标是映射在结果集中一行数据上的位置实体，有了游标，用户就可以访问结果集中的任意一行数据了。将游标放置到某行后，即可对该行数据进行操作，提取当前行、前一行、后一行数据等。

11.2.2　游标的作用

①定位结果集中特定行。

②基于当前的结果集位置检索一行或连续的几行。

③在结果集的当前位置修改行中的数据。

④可以以编程的方式访问数据库。

11.2.3　游标的分类

Oracle 游标可分为两种：静态游标和 REF 游标。

（1）静态游标：结果集已经确定（静态定义）的游标。分为隐式游标和显式游标。

①隐式游标：所有 DML 语句为隐式游标，通过隐式游标属性可以获取 SQL 语句信息。

②显示游标：用户显示声明的游标，即指定结果集。当查询返回结果超过一行时，就需要一个显式游标。

（2）REF 游标：动态关联结果集的临时对象。

11.3　任务 2—静态游标

11.3.1　隐式游标

隐式游标不需要声明，使用时也不需要执行打开和关闭操作。实际上，隐式游标是在 SELECT 语句中增加 INTO 子句，把结果集自动读取到指定的变量中。

【例 11.1】　使用 SELECT 语句声明隐式游标，从 USERS 表中读取 NAME 字段的值到变量 var_Name。

```
SQL > SET ServerOutput ON;
SQL > DECLARE
  var_Name char(10);
   BEGIN
       SELECT Name INTO var_Name
       FROM USERS
       WHERE ID =2;
       DBMS_OUTPUT.PUT_LINE(var_NAME);
     END;
  /

张翔
PL/SQL procedure successfully completed
```

11.3.2　显式游标

显式游标需要声明，在使用之前需要打开游标，使用完成后要关闭游标。使用显示游标需要以下 4 个步骤：

①定义游标。定义游标名及游标中使用的 SELECT 语句。

②打开游标。执行说明游标时定义的 SELECT 语句，把查询结果装入内存，游标位于结果集的第 1 条记录位置。

③检索数据。从结果集的游标当前位置读取数据，执行完成后游标后移一行。

④关闭游标。释放结果集和游标占用的内存空间。

显示游标，使用户可以直接参与管理，从而使程序结构清晰，便于控制。

1. 定义游标

在 PL/SQL 块的声明部分定义游标，具体语法如下：

```
DECLARE CURSOR <游标名>
[(<参数列表>)]
IS
<SELECT 语句>;
```

使用此语句，需要注意：

①游标必须在 PL/SQL 块的声明部分进行定义；

②游标定义时，可以引用 PL/SQL 变量，但变量必须在游标定义之前定义；

③定义游标时，并没有生成数据，只是将定义信息保存到数据字典中；

④游标定义后，可以使用 cursor_name%ROWTYPE 定义记录类型的变量。

【例 11.2】 声明一个游标 USERCUR，读取指定编号的用户信息。

```
DECLARE CURSOR USERCUR(varNo NUMBER) IS
SELECT ID,NAME FROM USERS
WHERE ID = varNo;
```

注意，此处不是独立可执行程序，不能执行。

2. 打开游标

为了在内存中分配缓冲区，并从数据库中检索数据，打开游标语句 OPEN：

```
OPEN <游标名>[(<参数列表>)];
```

【例 11.3】 打开游标 USERCUR，读取编号为 3 的用户信息。

```
OPENUSERCUR (3);
```

当执行打开游标操作后，系统首先检查游标定义中变量的值，然后分配缓冲区，执行游标定义时的 SELECT 语句，将查询结果在缓冲区中缓存。同时，游标指针指向缓冲区中结果集的第一个记录。

3. 检索数据

游标取值语句 FETCH 的基本语法结构如下：

```
FETCH <游标名> INTO <变量列表>;
```

注意：

①在使用 FETCH 语句之前，必须先打开游标，保证缓冲区中有数据。

②对游标第一次使用 FETCH 语句时，游标指针指向第一个记录，因此操作的对象是第一个记录，操作完后，游标指针指向下一条记录。

③游标指针只能向下移动，不能回退。如果想检索完第二条记录后，再回到第一条记

录，则必须关闭游标，然后重新打开游标。

④INTO 子句中变量个数、顺序、数据类型必须与数据集中每个记录的字段数量、顺序及类型相匹配，也可以是记录类型的变量。

【例 11.4】　在打开的游标 USERCUR 的当前位置读取数据：

```
FETCHUSERCUR INTO varId,varName;
```

4. 关闭游标

游标对应缓冲区的数据处理完后，应该及时关闭游标，以释放它所占用的系统资源。关闭游标语句为 CLOSE，具体如下：

```
CLOSE <游标名>;
```

【例 11.5】　关闭游标 USERCUR。

```
CLOSEUSERCUR;
```

【例 11.6】　下面介绍一个完整的游标应用实例：

```
SQL >SET ServerOutput ON;
SQL >DECLARE   --开始声明部分
      varId  NUMBER;   --声明变量,用来保存游标中的用户编号
      varName CHAR(10);   --声明变量,用来保存游标中的用户名
   --定义游标,varType 为参数,指定用户类型编号
      CURSOR USERCUR (varNo NUMBER) IS
      SELECT Id,Name FROM USERS
      WHERE Id = varNo;
  BEGIN   --开始程序体
      OPEN USERCUR (3); —打开游标,参数为 3,表示读取用户类型编号为 3 的记录
      FETCH USERCUR INTO varId,varName;   - -读取当前游标位置的数据
      CLOSE USERCUR;
      DBMS_OUTPUT.PUT_LINE('用户编号:'‖varId‖',用户名:'‖varName);
  END;
  /

用户编号:3,用户名:孙瑜
PL/SQL procedure successfully completed
```

11.4　任务 3—游标属性

Oracle 游标具有 4 个属性:% OPEN、% FOUND、% NOTFOUND 和% ROWCOUNT。可以增加程序的完全性，避免出现错误。需要注意的是，游标属性只能在 PL/SQL 块中使用，不能在 SQL 命令中使用。

11.4.1 %ISOPEN 属性

判断游标是否被打开，如果游标被打开，则% ISOPEN 等于 TRUE，否则% ISOPEN 等于 FALSE。

【例 11.7】 声明游标 BOOKCUR，查询指定类型的图书的 ISBN 和书名。

```
SQL > SET ServerOutput ON;
SQL > DECLARE   -- 开始声明部分
  2        varName VARCHAR2(50);   -- 声明变量,用来保存游标中的用户名
  3        varISBN CHAR(13);   -- 声明变量,用来保存游标中的用户编号
  4         -- 定义游标,varType 为参数,指定用户类型编号
  5        CURSOR BOOKCUR(varType NUMBER) IS
  6          SELECT ISBN,BOOKNAME FROM BOOK
  7          WHERE BOOKTYPEID = varType;
  8     BEGIN   -- 开始程序体
  9         FETCH BOOKCUR INTO varISBN,varName;   -- 读取当前游标位置的数据
 10         CLOSE BOOKCUR;   -- 关闭游标
 11         dbms_output.put_line('ISBN:' ||varISBN ||',书名:' ||var-
Name); -- 显示读取的数据
 12     END;   -- 结束程序体
 13   /
```

运行结果如下：

```
ORA - 01001:无效的游标
ORA - 06512:在 line 9
```

出错的原因在于没有打开游标，而直接使用。

【例 11.8】 修改上面的程序，在使用游标之前，调用% ISOPEN 属性判断游标是否打开。

```
SQL > SET ServerOutput ON;
SQL > DECLARE   -- 开始声明部分
  2        varName VARCHAR2(50);   -- 声明变量,用来保存游标中的用户名
  3        varISBN CHAR(13);   -- 声明变量,用来保存游标中的用户编号
  4         -- 定义游标,varType 为参数,指定用户类型编号
  5        CURSOR BOOKCUR(varType NUMBER) IS
  6        SELECT ISBN,BOOKNAME FROM BOOK
  7        WHERE BOOKTYPEID = varType;
  8    BEGIN   -- 开始程序体
  9       IF BOOKCUR % ISOPEN = FALSE Then
```

```
            OPEN BOOKCUR(2);
        END IF;
        FETCH BOOKCUR INTO varISBN,varName;   --读取当前游标位置的数据
        CLOSE BOOKCUR;   --关闭游标
        dbms_output.put_line('ISBN:' || varISBN || ',书名:' || varName);
--显示读取的数据
    END;   --结束程序体
    /
```

运行结果为：

```
ISBN:9787730223456,书名:Oracle 数据库应用开发
PL/SQL procedure successfully completed
```

11.4.2　%FOUND 属性和%NOTFOUND 属性

%FOUND 属性判断游标所在的行是否有效，如果有效，则%FOUND 属性等于 TRUE，否则等于 FALSE。%NOTFOUND 属性正相反。

【例 11.9】　%FOUND 属性可以循环执行游标读取数据。

```
SQL >SET ServerOutput ON;
SQL >DECLARE   --开始声明部分
        varName VARCHAR2(50);   --声明变量,用来保存游标中的用户名
        varISBN CHAR(13);   --声明变量,用来保存游标中的用户编号
         --定义游标,varType 为参数,指定用户类型编号
        CURSOR BOOKCUR(varType NUMBER) IS
        SELECT ISBN,BOOKNAME FROM BOOK
        WHERE BOOKTYPEID = varType;
    BEGIN   --开始程序体
        IF BOOKCUR % ISOPEN = FALSE Then
            OPEN BOOKCUR(2);
        END IF;
        FETCH BOOKCUR INTO varISBN,varName;
        WHILE BOOKCUR% FOUND --如果当前游标有效,则执行循环
        LOOP
         dbms_output.put_line('ISBN:' || varISBN || ',书名:' || varName);
--显示读取的数据
            FETCH BOOKCUR INTO varISBN,varName;
 --读取当前游标位置的数据
        END LOOP;
```

```
        CLOSE BOOKCUR;    --关闭游标
    END;    --结束程序体
    /
```

运行结果为：

```
ISBN:9787730223456,书名:Oracle 数据库应用开发
ISBN:9787730224459,书名:数据库原理及应用
PL/SQL procedure successfully completed
```

图书类型编号为2的图书有多本，利用%FOUND 属性和循环进行检索。

11.4.3 %ROWCOUNT 属性

返回到当前位置为止游标读取的记录行数。

【例 11.10】 只读取前两行记录。

```
SQL>SET ServerOutput ON;
SQL>DECLARE   --开始声明部分
        varName VARCHAR2(50);   --声明变量,用来保存游标中的用户名
        varISBN CHAR(13);    --声明变量,用来保存游标中的用户编号
         --定义游标,varType 为参数,指定用户类型编号
        CURSOR BOOKCUR(varType NUMBER) IS
        SELECT ISBN,BOOKNAME FROM BOOK
        WHERE BOOKTYPEID = varType;
    BEGIN   --开始程序体
        IF BOOKCUR % ISOPEN = FALSE Then
           OPEN BOOKCUR(2);
        END IF;
        FETCH BOOKCUR INTO varISBN,varName;
        WHILE BOOKCUR% FOUND --如果当前游标有效,则执行循环
        LOOP
          dbms_output.put_line('ISBN:' ||varISBN ||',书名:' ||varName); --显示读取的数据
          IF BOOKCUR % ROWCOUNT = 2 THEN
             EXIT;
          END IF;
          FETCH BOOKCUR INTO varISBN,varName; --读取当前游标位置的数据
        END LOOP;
          CLOSE BOOKCUR;    --关闭游标
```

```
END;    --结束程序体
/
```

运行结果为：

```
ISBN:9787730223456,书名:Oracle 数据库应用开发
ISBN:9787730224459,书名:数据库原理及应用
PL/SQL procedure successfully completed
```

11.5　任务4—REF游标

Oracle游标可分为两种：静态游标和REF游标。静态游标是指在游标定义时与特定的查询绑定，其结构是不变的。而REF游标是，通过游标变量指向多行查询结果集的指针，不与特定的查询绑定，具有很大的灵活性，可以在打开游标变量时定义查询，可以返回不同结构的结果集。

在PL/SQL中，使用游标变量包括定义游标引用类型（REF CURSOR）、声明游标变量、打开游标变量、检索游标变量、关闭游标变量等几个基本步骤。

11.5.1　定义游标引用类型

定义游标引用类型的语法如下：

```
TYPE ref_cursor_type_name IS REF CURSOR [RETURN return_type]
```

RETURN子句用户指定定义的游标类型返回结果集的类型，该类型必须是记录类型。如果定义游标引用类型时带有RETURN子句，则用其定义的变量称为强游标变量，否则称为弱游标变量。

在Oracle 11g中，系统预定义了一个游标引用类型，称为SYS_REFCURSOR，可以直接使用它定义变量。

例如：

```
TYPE USERS_cursor_type IS REF CURSOR RETURN USERS% ROWTYPE;
```

11.5.2　声明游标变量

声明游标变量的语法如下：

```
ref_cursor_type_name variable_name;
```

例如：

```
v_USERS USERS_cursor_type;
```

11.5.3　打开游标变量

定义了游标引用类型并声明了游标变量后，为了引用该游标变量，需要在打开游标变量

时指定该游标变量所对应的查询语句，即对应的结果集。当执行打开游标操作时，系统会执行查询语句，将查询结果放入游标变量所指定的内存空间中。

打开游标变量的语法如下：

```
OPEN cursor_ variable FOR select _statement;
```

注意：如果打开的游标变量是强游标变量，则查询语句的返回类型必须与游标引用类型定义中的 RETURN 子句指定的返回类型相匹配。

例如：

```
OPEN v_USERS FOR select * from USERS;
```

11.5.4 检索游标变量

检索游标变量的方法与检索静态游标的相似，使用 FETCH…INTO 语句循环检索游标变量结果集中的记录。具体语法如下：

```
LOOP
FETCH cursor_variable INTO variable1,variable2,...;
EXIT WHEN cursor_variable% NOTFOUND;
...
END LOOP;
```

例如：

```
LOOP
    FETCH v_USERS INTO v_USERSinfo;
    EXIT WHEN v_USERS % NOTFOUND;
    DBMS_OUTPUT.PUT_LINE(v.id||'  '||v.name);
END LOOP;
```

检索游标变量时，只能使用简单循环或 WHILE 循环，不能使用 FOR 循环。

11.5.5 关闭游标变量

检索并处理完游标变量所对应的结果集后，可以关闭游标变量，释放存储空间。具体语法如下：

```
CLOSE cursor_variable;
```

【例 11.11】 下面介绍一个完整的 REF 游标应用实例。

```
SQL > SET ServerOutput ON;
SQL > DECLARE
          TYPE BOOK_CURSOR_TYPE IS REF CURSOR RETURN BOOK% ROWTYPE;
          v_BOOK BOOK_CURSOR_TYPE;
          v_BOOKINFO BOOK% ROWTYPE;
```

```
BEGIN
     OPEN v_BOOK FOR SELECT * FROM BOOK;
     LOOP
        FETCH v_BOOK INTO v_BOOKINFO;
        EXIT WHEN v_BOOK% NOTFOUND;
        dbms_output.put_line('ISBN:'||v_BOOKINFO.ISBN||',书名:'||v_BOOKINFO.BOOKNAME);
     END LOOP;
END;
/
```

运行结果如下：

```
ISBN:9787730223456,书名:Oracle 数据库应用开发
ISBN:9787730224478,书名: Java 语言程序设计
ISBN:9787730224459,书名:数据库原理及应用
ISBN:9787720005319,书名:曾国藩家训
ISBN:9787730224493,书名: Spring 框架技术
PL/SQL procedure successfully completed
```

11.6 任务5—游标FOR循环

游标FOR循环，是显示游标的一种快捷使用方式，它使用FOR循环依次读取结果集中的行数据。当FOR循环开始时，游标被自动打开（不需要使用OPEN语句）；每循环一次，系统自动读取游标当前行的数据（不需要使用FETCH语句）；当退出FOR循环时，游标自动关闭（不需要使用CLOSE语句）。

11.6.1 典型FOR循环

典型游标FOR循环需要先对游标进行声明，然后才可以使用。典型游标FOR循环的语法如下：

```
FOR  <记录名> IN <游标名> LOOP
    语句1;
    语句2;
    …
    语句N;
END LOOP;
```

【例11.12】 利用典型游标FOR循环查询图书类型编号为2的图书的ISBN和书名。

```
SQL > SET ServerOutput ON;
SQL > DECLARE
        CURSOR BOOKCur(varType NUMBER) IS
        SELECT ISBN,BOOKNAME FROM BOOK
        WHERE BOOKTYPEID = varType;
    BEGIN   --开始程序体
        FOR var_BookRecord IN BOOKCur(2) LOOP
            dbms_output.put_line('ISBN:' || var_BookRecord.ISBN || ',
书名:' || var_BookRecord.BOOKName);
        END LOOP;
    END;
    /
```

运行结果如下:

```
ISBN:9787730223456,书名:Oracle 数据库应用开发
ISBN:9787730224459,书名:数据库原理及应用
PL/SQL procedure successfully completed
```

var_BookRecord 为定义的一个变量，其结构同游标，包含 ISBN 和 BOOKNAME，存储查询出来的每行值，访问方式用点操作符。在使用游标 FOR 循环时，不能使用 OPEN 语句、FETCH 语句和 CLOSE 语句，否则会产生错误。

在典型游标 FOR 循环中，需要先声明游标，然后再使用。还有一种简单的使用方法，就是在游标 FOR 循环中直接使用 SELECT 子查询代替游标名，这样就不用事先声明游标了。

11.6.2 带子查询的游标 FOR 循环

带子查询的游标 FOR 循环的语法:

```
FOR  <记录名 > IN < SELECT 子查询 > LOOP
    语句 1;
    语句 2;
    ...
    语句 N;
END LOOP;
```

【例 11.13】 修改上例，在游标 FOR 循环中直接使用 SELECT 子查询代替游标名。

```
SQL > SET ServerOutput ON;
SQL > DECLARE
        BEGIN   --开始程序体
```

```
FOR var_BookRecord in (select ISBN, BOOKName from BOOK where BOOKTypeID=2) LOOP
dbms_output.put_line('ISBN:'||var_BookRecord.ISBN||',书名:'||var_BookRecord.BOOKName);
END LOOP;
END;
/
```

运行结果如下：

```
ISBN:9787730223456,书名:Oracle 数据库应用开发
ISBN:9787730224459,书名:数据库原理及应用
PL/SQL procedure successfully completed
```

项目小结

本项目完成了图书借阅网站系统的游标的创建，包括静态游标和 REF 游标，介绍了游标的概念、作用及分类，游标的 4 个属性：%ISOPEN、%FOUND、%NOTFOUND 和%ROWCOUNT，游标 FOR 循环的使用：典型 FOR 循环和带子查询的 FOR 循环。

本项目重点需要掌握游标的创建方法，了解游标的 4 个属性，重点掌握游标 FOR 循环的使用方法。

习　　题

1. 选择题

(1) 下列（　　）语句允许检查 UPDATE 语句所影响的行数。

A. SQL% FOUND　　B. SQL% ROWCOUNT

C. SQL% COUNTD　　D. SQL% NOTFOUND

(2) 在定义游标时，使用的 FOR UPDATE 子句的作用是（　　）。

A. 执行游标　　B. 执行 SQL 语句的 UPDATE 语句

C. 对要更新表的列进行加锁　　D. 都不对

(3) 对于游标 FOR 循环，以下说法不正确的是（　　）。

A. 循环隐含使用 FETCH 获取数据　　B. 循环隐含使用 OPEN 打开记录集

C. 终止循环操作也就关闭了游标　　D. 游标 FOR 循环不需要定义游标

(4) 下列（　　）关键字用来在 IF 语句中检查多个条件。

A. ELSE IF　　B. ELSIF　　C. ELSEIF　　D. ELSIFS

(5) 终止 LOOP 循环，而不会出现死循环的方法是（　　）。

A. 在 LOOP 语句中的条件为 FALSE 时停止

B. 这种循环限定循环次数，它会自动终止循环

C. EXIT WHEN 语句中的条件为 TRUE

D. EXIT WHEN 语句中的条件为 FALSE

2. 填空题

(1) Oracle 游标可分为两种：____________和____________。

(2) 静态游标分为____________和____________。

(3) 使用显式游标主要有 4 个步骤：________、________、________、________。

(4) 判断游标是否被打开的属性是____________。

(5) ________属性判断游标所在的行是否有效，如果有效，则该属性等于 TRUE。

(6) 查看操作在数据表中所影响的行数，可通过游标的________属性实现。

3. 简答题

(1) 简述什么是游标及游标的作用。

(2) 简述游标常用属性。

项目 12　创建图书借阅网站项目存储过程、函数及程序包

12.1　项目分析

在图书借阅网站系统数据库的开发过程中，对于复杂的程序块，不能再次调用，而只能重新编写，可否将复杂功能的程序块封装，并加以命名，以反复调用，调高代码的可重用性，同时提升开发的效率？本项目实现系统存储过程、函数及程序包的开发。具体任务分解见表 12－1。

表 12－1　创建图书借阅网站项目存储过程、函数及程序包任务分解

序号	名称	任务内容	目标
1	存储过程	掌握存储过程的创建和调用方法	开发图书借阅网站系统存储过程
2	函数	掌握函数的创建和调用方法	开发图书借阅网站系统的函数
3	程序包	掌握程序包的创建和使用方法	开发图书借阅网站系统的程序包

上一项目中，介绍的程序块都是没有名称的，称为匿名程序块，此种程序不能存储在数据库中，也就不能重用。除此之外，用户还可以自己编写命名的 PL/SQL 程序块，并存储起来，在需要的时候调用执行。这样可以实现工作的积累，提高代码的重用性和共享性。这些被命名的 PL/SQL 程序块称为存储过程、函数，它们的集合就称为程序包。具体描述如下。

①过程：一种基本的存储过程，由过程名、参数和程序体组成。

②函数：与过程类似，只是函数有返回值。

③程序包：一组相关的 PL/SQL 过程和函数，由包名、说明部分和包体组成。

通常，存储过程用于执行特定的操作，不需要返回值；而函数则用于返回特定的数据。在调用时，存储过程可以作为一个独立的表达式被调用，而函数只能作为表达式的一个组成部分被调用。

12.2　任务 1—存储过程

12.2.1　无参存储过程

从本质上看，存储过程就是被命名的 PL/SQL 程序块，它可以被赋予参数，以编译的形式存储在数据库中，然后由另外一个应用或 PL/SQL 程序调用，是 PL/SQL 程序模块化的一

种体现。

1. 创建存储过程

CREATE PROCEDURE 语句可以创建存储过程。具体语法如下：

```
CREATE[OR REPLACE]PROCEDURE <过程名>
[<参数列表>]IS|AS
[<局部变量声明>]
BEGIN
  <过程体>
END[<过程名>];
```

说明：

(1) REPLACE 表示如果创建的存储过程已经存在，则将其替换为当前定义的存储过程。该选项通常用来修改一个现有存储过程。

(2) 在局部变量声明块中定义的变量只在过程体内有效。

(3) 参数声明格式如下：

```
<参数名>[IN|OUT|IN OUT][<数据类型>][:=<初始值>]
```

①IN 是参数的默认模式，代表输入参数，即此参数接收过程外传递来的值；

②OUT 代表输出参数，即此参数将在过程中被赋值，并传递到过程体外；

③IN OUT 参数类型表示此参数同时具备 IN 和 OUT 参数类型的特性。

【例 12.1】 创建无参数存储过程 BOOK_PROC，显示“欢迎使用图书借阅网站”。

(1) 授予图书借阅网站系统数据库开发用户 BOOKUSER 创建存储过程的权限，具体如下。

以管理员的身份连接：

```
SQL>CONN SYS/BOOKBORROW AS SYSDBA;
```

给用户赋予创建视图的权限：

```
SQL>GRANT CREATEPROCEDURE TO BOOKUSER;
```

再次使用户 BOOKUSER 连接成功：

```
SQL>CONN BOOKUSER/BOOKUSER;
```

(2) 创建序列。

```
SQL>CREATE PROCEDURE BOOK_PROC
  2       AS
  3        BEGIN
  4        DBMS_OUTPUT.PUT_LINE('欢迎使用图书借阅网站');
  5     END BOOK_PROC;
  6  /

Procedure created
```

2. 调用存储过程

调用存储过程有两种方法：EXEC 命令和匿名块调用。

(1) 使用 EXECUTE 命令可以调用过程。EXECUTE 函数可以简写为 EXEC。

【例 12.2】 使用 EXEC 命令调用存储过程 BOOK_PROC。

```
SQL > SET ServerOutput ON;
SQL > EXEC BOOK_PROC;
```

运行结果如下：

```
欢迎使用图书借阅网站
PL/SQL procedure successfully completed
```

(2) 从匿名 PL/SQL 程序块中直接调用。

【例 12.3】 使用匿名 PL/SQL 程序块调用存储过程 BOOK_PROC。

```
SQL > SET SERVEROUT ON
SQL > BEGIN
        BOOK_PROC;
      END;
      /
```

运行结果同上。

3. 删除存储过程

使用 DROP PROCEDURE 语句删除存储过程，具体语法如下：

```
DROP PROCEDURE < 存储过程名 >
```

【例 12.4】 删除存储过程 BOOK_PROC。

```
SQL > DROP PROCEDURE BOOK_PROC;
```

12.2.2 有参存储过程

过程可以进行参数化处理。参数可以是任意合法的 PL/SQL 类型。参数可以有 3 种模式，即 IN、OUT 和 IN OUT。

①IN 参数是输入参数，需要通过调用者传入，只能由过程来读取。也就是说，它们是只读值。这是参数行为中最常使用的模式，是没有给出参数模式指示器时的默认模式。IN 参数可以具有默认值，因此调用者不一定必须为其提供指定值。

②OUT 参数是输出参数，能够由过程写入。该参数适合用于过程向调用者返回多个信息。OUT 参数没有默认值，也不能是常量或表达式，必须向 OUT 参数传递返回值。

③IN OUT 参数同时具有 IN 参数和 OUT 参数的特性，过程可以读取和写入它们的值。

1. 带有单个输入参数的存储过程

(1) 创建存储过程。

【例 12.5】 创建带有输入参数的存储过程 SETUSERPWD，此过程的功能是将表 USE-

RS 中指定用户的密码设置为 222222。

```
SQL >CREATE OR REPLACE PROCEDURE SETUSERPWD ( CID IN NUMBER)
AS
BEGIN
        UPDATE USERS SET PWD  = 222222 WHERE ID  = CID;
END;
/

Procedure created
```

(2) 调用存储过程。

①使用 EXEC 命令调用。

【例 12.6】　将表 USERS 中编号为 3 的用户的密码设置为 222222。

执行存储过程之前，查看一下表中数据：

```
SQL >SELECT ID,PWD FROM USERS WHERE ID =3;
```

运行结果如下：

```
 ID                    PWD
-------------------------------
 1                   111111
```

调用存储过程如下：

```
SQL >EXEC SETUSERPWD (3);
```

运行结果如下：

```
PL/SQL 过程已成功完成
```

查看表中数据：

```
SQL >SELECT ID,PWD FROM USERS WHERE ID =3;
```

运行结果如下：

```
 ID               PWD
-------------------------------
 1            222222
```

②从匿名 PL/SQL 程序块中直接调用。

```
SQL >SET SERVEROUT ON
SQL >BEGIN
   SETUSERPWD (2);
 END;
 /
```

（3）删除存储过程。

```
SQL >DROP PROCEDURE SETUSERPWD;
```

2. 带有输入/输出参数的存储过程

（1）创建存储过程。

【例 12.7】　创建存储过程，根据输入的用户 ID 查看用户的姓名，如果没有指定的客户 ID 号，则姓名返回 NULL。

```
SQL >CREATE OR REPLACE PROCEDURE USERS_NAME
      (
           I_ID IN NUMBER,
           O_NAME OUT USERS.NAME% TYPE
      )
   AS
   BEGIN
         SELECT NAME INTO O_NAME
         FROM USERS
         WHERE ID = I_ID;
        EXCEPTION
         WHEN NO_DATA_FOUND THEN
          O_NAME: = 'NULL';
  END USERS_NAME;
  /

Procedure created
```

【备注】如果在执行语句的过程中出现上述错误，可以使用 show errors 命令来检查出错的原因。

（2）调用存储过程。

①调用带有输出参数的存储过程，需要先定义变量，用来接收输出参数的值。

```
SQL >VARIABLE NAME CHAR(10);
SQL >EXEC USERS_NAME (2,:NAME);
    PL/SQL PROCEDURE SUCCESSFULLY COMPLETED
       NAME
   ----------------------------
       张翔
```

②匿名块调用过程。

```
SQL >SET SERVEROUT ON
SQL >DECLARE
     NAME USERS.NAME% TYPE;
```

```
 BEGIN
 USERS_NAME (2,NAME);
 DBMS_OUTPUT.PUT_LINE('NAME ='||NAME);
END;
/
```

运行结果如下：

```
NAME = 张翔
PL/SQL PROCEDURE SUCCESSFULLY COMPLETED
```

3. 带有 IN OUT 参数的存储过程

IN OUT 参数能够用于传入参数值，并且从过程中返回值。该参数适用于用户需要向过程传递可以由过程本身修改的 INPUT 变量的情况。常用于交互。

【例 12.8】 创建存储过程，实现两个数的交换。

```
SQL >CREATE OR REPLACE
PROCEDURE SWAP
(
 V_PARM1 IN OUT NUMBER,
 V_PARM2 IN OUT NUMBER
)
AS
 L_TEMP NUMBER;
BEGIN
 L_TEMP:=V_PARM1;
 V_PARM1:=V_PARM2;
 V_PARM2:=L_TEMP;
END SWAP;
/
```

执行结果如下：

```
过程已创建
SQL >DECLARE
 L_NUM1 NUMBER:=111;
 L_NUM2 NUMBER:=222;
BEGIN
 DBMS_OUTPUT.PUT_LINE('交换前的变量值');
 DBMS_OUTPUT.PUT_LINE('L_NUM1 ='||L_NUM1);
 DBMS_OUTPUT.PUT_LINE('L_NUM2 ='||L_NUM2);
 SWAP(L_NUM1,L_NUM2);
```

```
DBMS_OUTPUT.PUT_LINE('交换后的变量值');
DBMS_OUTPUT.PUT_LINE('L_NUM1 ='||L_NUM1);
DBMS_OUTPUT.PUT_LINE('L_NUM2 ='||L_NUM2);
END;
/
```

运行结果如下：

```
交换前的变量值
L_NUM1 =111
L_NUM2 =222
交换后的变量值
L_NUM1 =222
L_NUM2 =111
PL/SQL PROCEDURE SUCCESSFULLY COMPLETED
```

12.3　任务2—函数

12.3.1　函数概述

函数与过程非常类似，也是数据库中存储的命名PL/SQL程序块。创建函数与创建过程都遵循同样的规则。函数的主要特征是它必须返回一个值。

定义过程和定义函数的主要区别之一是，定义函数必须使用return子句返回数据。在定义函数的函数体中的任何地方，用户都可以使用return < expression >子句。注意，这里的expression表达式要等于return数据类型。

12.3.2　创建函数

使用CREATE FUNCTION语句来创建过程，具体语法如下：

```
CREATE [OR REPLACE] FUNCTION <过程名>
[<参数列表>]
[RETURN <函数数据类型>]
 IS |AS
[<局部变量声明>]
 BEGIN
  <过程体>
  RETURN <函数值>
END [<过程名>];
```

其中：

（1）RETURN <函数数据类型>子句指定了函数返回值的数据类型。

(2) RETURN <函数值>子句将<函数值>作为函数的结果返回。

(3) 参数声明格式如下:

```
<参数名>[IN |OUT |IN OUT][<数据类型>][:=<初始值>]
```

①IN 是参数的默认模式，代表输入参数，即此参数接收过程外传递来的值。

②OUT 代表输出参数，即此参数将在过程中被赋值，并传递到过程体外。

③IN OUT 参数类型表示此参数同时具备 IN 和 OUT 参数类型的特性。

【例 12.9】 创建函数 BOOKBORROWNUM()，此函数的功能是统计指定图书被借阅的次数。

```
SQL >CREATE OR REPLACE FUNCTION BOOKBORROWNUM
      (ID IN NUMBER)
      RETURN NUMBER
   AS
     NUM NUMBER;
   BEGIN
       SELECT COUNT(ISBN) INTO NUM FROM BOOKBORROW
       WHERE ISBN =ID;
       RETURN NUM;
    END BOOKBORROWNUM;
   /

Function created
```

12.3.3 调用函数

可以像调用其他数据库系统函数那样调用自定义函数。

【例 12.10】 调用函数 BOOKBORROWNUM()，查询指定图书的借阅总次数。

```
SQL >SET SERVEROUT ON;
SQL >BEGIN
       DBMS_OUTPUT.PUT_LINE(BOOKBORROWNUM('9787720005319'));
     END;
     /
```

运行结果如下:

```
2
PL/SQL PROCEDURE SUCCESSFULLY COMPLETED
```

也可以使用 DUAL 表直接查询。DUAL 表是 Oracle 的一个内置表，该表只包含一行。可以使用其执行一些简单的查询，这些查询的结果并非从特定表中获得。

```
SQL >SELECT BOOKBORROWNUM('9787720005319')FROM DUAL;
```

12.3.4　删除函数

使用 DROP FUNCTION 语句删除函数，具体语法如下：

```
DROP FUNCTION <函数名>
```

【例12.11】　删除函数 BOOKBORROWNUM。

```
SQL >DROP FUNCTION BOOKBORROWNUM;
```

12.4　任务3—程序包

12.4.1　程序包概述

程序包可以允许用户从逻辑上将过程、函数等组织在一起，形成一个完整的单元，编译后存储在数据库服务器中，作为一种全局结构，供应用程序调用。通过程序包可以将PL/SQL代码模块化，可以构建供其他编程人员重用的代码库。

程序包通常由两部分组成：规范和包体。包的规范包含有关包的信息，其中列出可用的过程和函数。规范中通常不包括构成这些过程和函数的代码，实际的代码存储在包体中。

12.4.2　创建程序包

1. 创建程序包规范

CREATE PACKAGE 语句用来创建包的规范，具体语法如下：

```
CREATE [ OR REPLACE ] PACKAGE <程序包名>
IS |AS
[ <声明部分> ]
END [ <程序包名> ];
```

声明部分可以包括类型、变量、过程、函数和游标的说明。

【例12.12】　下面介绍一个示例创建程序包 BOOKPACK，它包含前面两小节中的过程 SETUSERPWD 和函数 BOOKBORROWNUM( )。

```
SQL >CREATE OR REPLACE PACKAGE BOOKPACK
        IS
            PROCEDURE SETUSERPWD (CID IN NUMBER);
            FUNCTION BOOKBORROWNUM (ID IN NUMBER)
             RETURN Number ;
         END BOOKPACK;
   /

Package created
```

2. 创建程序包包体

CREATE PACKAGE BODY 语句用来创建包体部分：

```
CREATE PACKAGE BODY <程序包名>
IS |AS
[<声明部分>]
[<过程体>]
[<函数体>]
[<初始化部分>]
END [<程序包名>];
```

注意：

(1) 包体中函数和过程的原型必须与包规范中的声明完全一致。

(2) 只有在包规范已经创建的条件下，才可以创建包体。

(3) 如果包规范中不包含任何函数或过程，则可以不创建包体。

【例 12.13】 下面创建程序包 BOOKPACK 的包体部分。

```
SQL>CREATE PACKAGE BODY BOOKPACK
  IS
     PROCEDURE SETUSERPWD(CID IN NUMBER)
     AS
     BEGIN
            UPDATE USERS SET PWD = 222222 WHERE ID = CID;
     END SETUSERPWD;
     FUNCTION BOOKBORROWNUM
         (ID IN NUMBER)
        RETURN NUMBER
     AS
         NUM NUMBER;
     BEGIN
         SELECT COUNT(ISBN) INTO NUM FROM BOOKBORROW
         WHERE ISBN = ID;
         RETURN NUM;
     END BOOKBORROWNUM;
 END BOOKPACK;
 /

Package body created
```

12.4.3　使用程序包

在包规范中声明的任何元素都是公有的，在包外部都可见，具体调用方式如下。

调用程序包中的过程方法如下：

```
<程序包名>.<过程名>
```

调用程序包中的函数方法如下：

```
<程序包名>.<函数名>
```

需要注意的是，在包体中定义而没有在包规范中声明的元素则是私有的，只能在包体中引用。

【例 12.14】　调用 BOOKPACK. BOOKBORROWNUM。

```
SQL >SET ServerOutput ON;
SQL >DECLARE
     V_NUM NUMBER;
   BEGIN
     V_NUM: = BOOKPACK.BOOKBORROWNUM('9787720005319');
     DBMS_OUTPUT.PUT_LINE(V_NUM);
   END;
   /
```

运行结果如下：

```
2
PL/SQL PROCEDURE SUCCESSFULLY COMPLETED
```

12.4.4　删除程序包

可以使用 DROP PACKAGE 语句删除整个包，也可以使用 DROP PACKAGE BODY 语句只删除包体。

DROP PACKAGE BODY 命令删除程序包体。

【例 12.15】　删除程序包体 BOOKPACK。

```
SQL >DROP PACKAGE BODY BOOKPACK;
```

程序包体已删除。

DROP PACKAGE 命令删除程序包的规范。

【例 12.16】　删除程序包规范 BOOKPACK。

```
SQL >DROP PACKAGE BOOKPACK;
```

程序包已删除。

项目小结

本项目完成了图书借阅网站系统的命名程序块的创建，包括存储过程、函数及程序包，同时介绍了其调用的方法。

本项目重点需要掌握存储过程的创建，特别是有参存储过程的创建和调用方法。

项目拓展

1. 创建一个名为 PROC_BORROW 的存储过程，实现借阅图书操作。如果读者借书数量已达到限制，则不能借阅。调用该存储过程。

2. 创建一个名为 PROC_RETRUN 的存储过程，实现还书操作。如果借书超期，计算罚金，按照一天一元计算。调用该存储过程。

3. 创建一个名为 PROC_BOOKBORROW 的存储过程，查看某一读者当前未归还的图书信息。调用该存储过程。

4. 创建一个名为 FUNC_DUE 的函数，计算读者借书应归还日期。调用该函数。

5. 创建一个名为 PACK_BOOKBORROW 的程序包，包含上述存储过程 PROC_BOOKBORROW 和函数 FUNC_DUE，并调用。

习　题

1. 选择题

(1) 下列（　　）语句可以在 SQL * Plus 中直接调用一个过程。

A. RETURN　　B. CALL　　C. SET　　D. EXEC

(2) 下面（　　）不是过程中参数的有效模式。

A. IN　　B. IN OUT　　C. OUT IN　　D. OUT

(3) 如果存在一个名为 TEST 的过程，它包含 3 个参数：第一个参数为 P_NUM1，第二个参数为 P_NUM2，第三个参数为 P_NUM3。3 个参数的模式都是 IN。P_NUM1 参数的数据类型是 NUMBER，P_NUM2 参数的数据类型是 VARCHAR2，第三个参数的数据类型是 VARCHAR2。下列（　　）是该过程的有效调用。

A. TEST(1010,P_NUM3 = >'abc',P_NUM2 = >'bcd')

B. TEST(P_NUM1 = >1010,P_NUM2 = >''abc','bcd')

C. TEST(P_NUM1 = >1010,'abc','bcd')

D. 上述都对

(4) 函数头部中的 RETURN 语句的作用是（　　）。

A. 声明返回的数据类型　　B. 声明返回值的大小和数据类型

C. 调用函数　　D. 函数头部不能使用 RETURN 语句

(5) 根据下面的匿名程序块，判断 CHECK_VALUE 程序单元是否为一个函数。（　　）

```
DECLARE
    V_TEST NUMBER;
BEGIN
    IF V_TEST >10 THEN
        CHECK_VALUE(V_TEST);
    END IF;
END;
```

A. 可以为一个函数　　　　　　　　　　B. 可以，但函数必须不包含任何 SQL 语句

C. 可以，但需要初始化变量 V_TEST　　　D. 不可以

(6) 如果在程序包的主体中包括了一个过程，但没有在程序包规范中声明这个过程，那么它将会被认为是（　　）。

A. 非法的　　　B. 公有的　　　C. 受限的　　　D. 私有的

(7) 如果创建了一个名为 USERPKG 的程序包，并在程序包中包含了名为 test 的过程。下列（　　）是对这个过程的合法调用。

A. test(10)　　　　　　　　　　B. USERPKG. test(10)

C. TEST. USERPKG(10)　　　　　D. TEST(10). USERPKG

(8) 可以引用（　　）数据字典视图来查看软件包中包含的代码。

A. USER_OBJECTS　　　　　　　B. USER_PACKAGE_TEXT

C. USER_SOURCE　　　　　　　D. USER_TEXT

(9) 对于下面的函数，（　　）语句将成功地调用。

```
CREATE OR REPLACE FUNCTION Calc_Sum(Addend_X number,Addend_Y number)
Return number As
Sum number;
BEGIN Sum : =Addend_X + Addend_Y; Return Sum;
END;
```

A. Calc_Sum　　　　　　　　　　B. EXECUTE Calc_Sum(45)

C. EXECUTE Calc_Sum(23, 12)　　D. Sum: =Calc_Sum(23, 12)

(10)（　　）命名的 PL/SQL 程序必须返回一个值。

A. 过程　　　B. 函数　　　C. 触发器　　　D. 方法

2. 填空题

(1) Oracle 中，被命名的 PL/SQL 程序块称为________、________，它们的集合就构成________。

(2) Oracle 中，使用________________语句可以创建存储过程。

(3) 存储过程中，参数的模式有 3 种，包括________、________和________。

(4) 定义过程和定义函数的主要区别之一是，定义函数必须使用____________子句返回数据。

（5）Oracle 中，使用______________语句来创建过程。

（6）Oracle 中，____________可以允许用户从逻辑上将过程、函数等组织在一起，形成一个完整的单元。

（7）程序包通常由两部分组成：____________和____________。

（8）调用程序包中的过程方法：________________。

3. 简答题

（1）简述 PL/SQL 命名块和匿名块的区别。

（2）简述存储过程和函数的区别。

（3）简述什么是程序包及其作用。

4. 读程序，填空

（1）在下面程序的空白处填写一定的代码，使该函数可以获取指定编号的商品价格。

```
CREATE OR REPLACE FUNCTION get_price
(P_ID varchar2)
return______________
IS
v_price NUMBER;
BEGIN
SELECT 单价 ______________________
FROM 商品信息 WHERE 商品编号 =______________;
RETURN v_price;
EXCEPTION
    WHEN NO_DATA_FOUND THEN DBMS_OUTPUT.PUT_LINE('查找的商品不存在！');
    WHEN TOO_MANY_ROWS THEN DBMS_OUTPUT.PUT_LINE('程序运行错误！请使用
游标');
    WHEN OTHERS THEN DBMS_OUTPUT.PUT_LINE('发生其他错误！');
END get_price;
```

（2）假设有一个程序包，其中包含了两个重载的函数 max。写出下面程序调用 max 函数后的运行结果。程序包主体：

```
Create or replace package body
TEST is
Function max(x in number,y in number) return number is Result number;
Begin
     IF x >y then
           Result:=x;
     Else
           Result:=y;
     EndIF;
```

```
        Return (result);
    End max;
    Function max(x in number,y in number,z in number) return number is
result number;
    Begin
        Result:=test.max(x,y);
        Result:=test.max(result,z);
        Return(result);
    End max;
    End;
```

调用程序块：

```
    begin
        dbms_output.put_line(TEST.max(10,21,12));
    end;
```

运行结果：____________________

（3）在下面程序的空白处填写适当的代码，使调用该过程时可以统计某产地的商品数量和总价。

```
CREATE OR REPLACE PROCEDURE proc_demo(
Merch_place IN varchar2,
Price_sum___________NUMBER,
Merch_count___________NUMBER)
IS
BEGIN
    SELECT SUM(单价),COUNT(*) INTO___________,___________
    FROM 商品信息 WHERE 产地=___________;
EXCEPTION
    WHEN NO_DATA_FOUND THEN
        DBMS_OUTPUT.PUT_LINE('所需数据不存在!');
    WHEN OTHERS THEN
        DBMS_OUTPUT.PUT_LINE('发生其他错误!');
END proc_demo;
```

项目 13 创建图书借阅网站项目触发器

13.1 项目分析

在图书借阅网站系统数据库的开发过程中，如何能对查询出来的结果集进行处理，并定位结果集中的数据？本项目实现系统游标的开发。具体任务分解见表 13 - 1。

表 13 - 1 创建图书借阅网站项目触发器任务分解

序号	名称	任务内容	目标
1	触发器概述	了解触发器的概念、分类，运行的时机及级别	掌握触发器编程的目的
2	触发器操作	掌握触发器的创建、查看、启用、禁用及删除的方法	掌握触发器的创建和管理的方法
3	DML 触发器	掌握 DML 触发器语句触发器和行级触发器的使用方法	能够正确使用 DML 触发器
4	INSTEAD OF 触发器	掌握 INSTEAD OF 的作用和使用方法	能够正确使用 INSTEAD OF 触发器
5	系统事件触发器	了解系统事件触发器的作用和使用方法	能够正确使用系统事件触发器
6	用户事件触发器	掌握用户事件触发器的使用方法	能够正确使用用户事件触发器

13.2 任务 1—触发器概述

13.2.1 触发器的概念

在 Oracle 中，触发器是一种特殊的存储过程，它在发生某种数据库事件时由 Oracle 系统自动触发触发器，通常用于加强数据的完整性约束和业务规则等。

触发器与存储过程的区别在于：存储过程是由用户或应用程序显式调用的，而触发器是不能被直接调用的，而是由一个事件来启动运行。即触发器是当某个事件发生时自动地隐式运行。

使用触发器可以完成的功能包括：

①允许或限制对表的修改；

②自动生成派生列；

③强制数据一致性；

④提供审计和日志记录；

⑤防止无效的事务处理；

⑥启用复杂的业务逻辑。

在 Oracle 系统中，触发器有4个组成部分：

①触发器名称；

②触发语句；

③触发器限制；

④触发操作。

1. 触发器名称

触发器名称就是触发器的名称。一般地，应该采用描述性名称来定义触发器名称。在触发器名称中，应该包括触发器执行的时间、执行的操作、涉及的表、涉及的列等。

例如：biufer_USERS_Id

其中，biufer 是各行的插入或更新之前（before insert or update for each row）的英文缩写。adfer 是一个每行删除之后激活的触发器（after delete for each row）的英文缩写。USERS 为表名，Id 为字段名。

2. 触发语句

触发语句就是那些导致 Oracle 执行触发器的事件。触发器事件可以是下面这些内容：

（1）表和一些视图上的数据操纵语言语句，例如 insert、update、delete。

（2）模式对象上的数据定义语言语句，例如 create、alter、drop。

（3）数据库的启动和关闭。

（4）系统错误。

（5）各种系统活动。

3. 触发器限制

即使导致触发器激活的事件发生了，也并不意味着 Oracle 就会执行它。激活事件发生之后，触发器首先判断在触发器上是否存在限制，然后才会在执行触发器之间评估所有的限制。

4. 触发操作

触发操作是触发器的主体。Oracle 在发生如下两件事情时，才会执行代码块：

（1）使用了合适的语句。

（2）如果提供了触发器限制，则评估为真。

13.2.2　触发器分类

在 Oracle 系统中，包括了4种类型的触发器，每一种类型的触发器都可以完成不同的任务。这4种类型的触发器如下。

①DML 触发器：语句触发器和行触发器。

②INSTEAD OF 触发器。

③系统事件触发器。

④用户事件触发器。

13.2.3　触发器运行的时机及级别

触发器可以在 SQL 语句运行之前和之后激活。按照触发器运行的时机分类如下：

①BEFORE。在指定的事件发生之前运行触发器。

②AFTER。在指定的事件发生之后运行触发器。

由于 DML 语句可能同时作用多行，所以触发器的过程代码可能在作用的每一行上都运行一次，也可能只在所有的行上运行一次。按照触发级别分类如下：

①行触发。对触发事件影响的每一行执行触发器。

②语句触发。对于触发事件只能触发一次，并且不能访问受触发器影响的每一行的值。

13.3 任务 2—触发器操作

13.3.1 创建触发器

创建触发器的语句如下：

```
CREATE [OR REPLACE] TRIGGER trigger_name
BEFORE |AFTER
INSERT |DELETE |UPDATE [OF column [,column …]]
ON table_name |view_name
[REFERENCING {OLD [AS] old |NEW [AS] new|PARENT as parent}]
[FOR EACH ROW ]
[WHEN condition]
PL/SQL_BLOCK |CALL procedure_name;
```

其中：

①BEFORE 和 AFTER 指出触发器的触发时序分别为前触发和后触发方式。前触发是在执行触发事件之前触发当前所创建的触发器，后触发是在执行触发事件之后触发当前所创建的触发器。

②FOR EACH ROW 选项说明触发器为行触发器。行触发器和语句触发器的区别表现在：行触发器要求当一个 DML 语句操作影响数据库中的多行数据时，对于其中的每个数据行，只要它们符合触发约束条件，均激活一次触发器；而语句触发器将整个语句操作作为触发事件，当它符合约束条件时，激活一次触发器。当省略 FOR EACH ROW 选项时，BEFORE 和 AFTER 触发器为语句触发器，而 INSTEAD OF 触发器则只能为行触发器。

③REFERENCING 子句说明相关名称，在行触发器的 PL/SQL 块和 WHEN 子句中可以使用相关名称，参照当前的新、旧列值，默认的相关名称分别为 OLD 和 NEW。触发器的 PL/SQL 块中应用相关名称时，必须在它们之前加冒号（:），但在 WHEN 子句中则不能加冒号。

④WHEN 子句说明触发约束条件。Condition 为一个逻辑表达时，其中必须包含相关名称，而不能包含查询语句，也不能调用 PL/SQL 函数。WHEN 子句指定的触发约束条件只能用在 BEFORE 和 AFTER 行触发器中，不能用在 INSTEAD OF 行触发器和其他类型的触发器中。

一个基表被修改（INSERT、UPDATE、DELETE）时要执行的存储过程，根据其所依附的基表改动而自动触发，因此与应用程序无关，用数据库触发器可以保证数据的一致性和完整性。

【例13.1】 创建触发器，在用户对表执行插入操作的同时，提示用户当前正在执行的‘INSERT’操作。

授予图书借阅网站系统数据库开发用户 BOOKUSER 创建触发器的权限，具体如下。

以管理员的身份连接：

```
SQL >CONN SYS/BOOKBORROW AS SYSDBA;
```

给用户赋予创建视图的权限：

```
SQL >GRANT CREATETRIGGER TO BOOKUSER;
```

再次使用用户 BOOKUSER 连接成功：

```
SQL >CONN BOOKUSER/BOOKUSER;
```

1. 创建触发器

```
SQL >CREATE OR REPLACE TRIGGER USERS_TRIGGER
  2   AFTER INSERT
  3   ON USERS
  4   BEGIN
  5     DBMS_OUTPUT.PUT_LINE('INSERT');
  6   END;
  7  /

Trigger created
```

2. 对表 USERS 执行插入操作

```
SQL >INSERT INTO USERS VALUES(8,'FEI','FEI');
INSERT
1 row inserted
```

13.3.2 查看触发器

可以通过系统视图 USER_TRIGGERS 来查看触发器的信息。

【例13.2】 查看触发器名、触发器所引用的表名及触发器的状态。

```
SQL >SELECT TRIGGER_NAME,TABLE_NAME,STATUS FROM USER_TRIGGERS;
```

运行结果如下：

```
TRIGGER_NAME                    TABLE_NAME              STATUS
----------------------      ----------------------   -----------
USERS_TRIGGER                     USERS                 ENABLED
```

13.3.3 启用和禁用触发器

可以使用 ALTER TRIGGER 语句来启用和禁用触发器。

【例 13.3】　禁用触发器。

```
SQL >ALTER TRIGGER USERS_TRIGGER DISABLE;
    Trigger altered
```

【例 13.4】　重新启用触发器。

```
SQL >ALTER TRIGGER USERS_TRIGGER ENABLE;
    Trigger altered
```

13.3.4　删除触发器

可以使用 DROP TRIGGER 语句来删除触发器。

【例 13.5】　删除触发器。

```
SQL >  DROP TRIGGER USERS_TRIGGER;
    Triggerdropped
```

13.4　任务 3—DML 触发器

DML 触发器由 DML 语句触发，例如 INSERT、UPDATE 和 DELETE 语句。针对所有的 DML 事件，按触发的时间，可以将 DML 触发器分为 BEFORE 触发器与 AFTER 触发器，分别表示在 DML 事件发生之前与之后采取行动。另外，DML 触发器也可以分为语句级触发器与行级触发器，其中，语句级触发器针对某一条语句触发一次，而行级触发器则对语句所影响的每一行都触发一次。例如，某条 UPDATE 语句修改了表中的 8 行数据，那么针对该 UPDATE 事件的语句级触发器将被触发一次，而行级触发器将被触发 8 次。

13.4.1　语句触发器

1. 创建语句触发器

语句触发器是在表上或者某些视图上执行的特定语句的触发器。其能够与 INSERT、UPDATE、DELETE 或者这些语句的组合关联。但是无论使用什么样的组合，各个语句触发器都只会对指定语句激活一次。对于 UPDATE 触发器，无论其影响了多少行数据，都只会调用一次 UPDATE 触发器。如果在表上有多个 UPDATE 触发器，那么每一个触发器都会被调用一次。

【例 13.6】　创建触发器，以监控所有用户对某个表的操作。创建一个对修改表的时间进行日志记录的语句触发器。

(1) 创建日志记录表。

```
SQL >CREATE TABLE USERS_LOG
      (
        WHO VARCHAR(20),
        WHEN DATE
```

```
);

Table created
```

（2）创建触发器。

```
SQL > CREATE TRIGGER BIUD_USERS
    BEFORE INSERT OR UPDATE OR DELETE
     ONUSERS
     BEGIN
      INSERT INTOUSERS_LOG VALUES(USER,SYSDATE);
     END;
     /

Trigger created
```

（3）对表 USERS 执行插入操作。

```
SQL > INSERT INTO USERS VALUES(4,'LUCY','LUCY');

   1 row inserted
```

（4）查看表 USERS_LOG 中的数据情况。

```
SQL > SELECT * FROM USERS_LOG;
      WHO                     WHEN
     ------------          ----------
      BOOKUSER           2018/9/29 2
```

2. 条件谓词

如果触发器响应了多个 DML 事件，并且需要根据事件的不同进行不同的操作，可以询问系统是哪一个语句导致了触发器被激活。通过引用 inserting、updating 或 deleting 条件谓词，如果触发事件是对应的事件，则返回值为 TURE，否则返回 FALSE。具体用法如下：

```
if inserting then
      -- an insert statement causes me to fire
elsif updating then
      -- an update statement causes me to fire
elsif deleting then
      -- an delete statement causes me to fire
end if;
```

【例 13.7】 创建触发器监控所有用户对某个表的操作。创建一个对某个用户、修改表的时间及具体进行什么操作进行日志记录的语句触发器。

（1）删除日志记录表并重新创建。

```
SQL > DROP TABLE USERS_LOG;

Table dropped
SQL > CREATE TABLE USERS_LOG
      (
       WHO VARCHAR(20),
       WHEN DATE,
      WHAT VARCHAR(20)
      );

Table created
```

（2）删除原触发器并重新创建。

```
SQL > DROP TRIGGER BIUD_USERS;

 Trigger dropped
SQL > CREATE TRIGGER BIUD_USERS
       BEFORE INSERT OR UPDATE OR DELETE
       ON USERS
       BEGIN
        IF INSERTING THEN
               INSERT INTO USERS_LOG VALUES(USER,SYSDATE,'INSERT');
        ELSIF UPDATING THEN
                INSERT INTO USERS_LOG VALUES(USER,SYSDATE,'UPDATE');
        ELSIF DELETING THEN
              INSERT INTO USERS_LOG VALUES(USER,SYSDATE,'DELETE');
        END IF;
      END;
 /

Trigger created
```

（3）对表 USERS 执行插入操作。

```
SQL > INSERT INTO USERS VALUES(10,'NANCY','NANCY');

  1 row inserted
```

（4）查看表 USERS_LOG 中的数据情况。

```
SQL >SELECT * FROMUSERS_LOG;
     WHO                  WHEN                 WHAT
     --------------     --------------       ---------
     BOOKUSER           2018/9/29 2          INSERT
```

13.4.2　行级触发器

行级触发器是指执行 DML 操作时，每操作一个记录，触发器就执行一次。一个 DML 操作涉及多少个记录，触发器就执行多少次。

行触发器的定义方式与语句触发器的类似，但是有两个例外：

①行触发器要在触发器定义的触发语句中包含 for each row 子句，还可以包含 referencing 子句。

②在 before…for each row 触发器中，可以引用受到影响的行值，甚至可以在触发器中设置这些值。

在行级触发器中引入了:old 和:new 两个标识符，来访问和操作当前被处理记录中的数据。PL/SQL 使用:old 来保存更新前的原始记录，使用:new 来保存更新后的记录。在触发器体内引用这两个标识符时，只能作为单个字段引用而不能作为整个记录引用，方法为:old.field 和:new.field。

【例 13.8】　创建行级触发器，实现当插入用户信息时，显示新插入的用户的 ID 和 NAME；当修改客户信息时，显示修改前后的用户的 ID 和 NAME；当删除用户信息时，显示被删除的用户的 ID 和 NAME。

```
SQL >CREATE OR REPLACE TRIGGER BIUFER_USERS
        BEFORE INSERT OR UPDATE ON USERS
        FOR EACH ROW
        BEGIN
        IF INSERTING THEN
             DBMS_OUTPUT.PUT_LINE('插入的数据:'||'  '||:NEW.ID||' '||:NEW.NAME);
        ELSIF UPDATING THEN
             DBMS_OUTPUT.PUT_LINE('修改后数据:'||'  '||:NEW.ID||' '||:NEW.NAME);
             DBMS_OUTPUT.PUT_LINE('修改前数据:'||'  '||:OLD.ID||' '||:OLD.NAME);
        ELSIF DELETING THEN
             DBMS_OUTPUT.PUT_LINE('删除的数据:'||'  '||:OLD.ID||' '||:OLD.NAME);
        END IF;
```

```
 13  END;
 14  /

Trigger created
```

执行修改操作：

```
SQL > UPDATE USERS SET NAME = 'John' WHERE ID = 8;
```

运行结果如下：

```
修改后数据：  8   Lucy
修改前数据：  8   John
1 row updated
```

【例 13.9】 创建行级触发器，实现当删除客户信息时，将被删除的信息写到备份表中。

（1）创建表 USERS 的备份表 USERS_BAK。

```
SQL > CREATE TABLE USERS_BAK
  2  AS
  3  SELECT * FROM USERS;
```

删除表中所有数据，保持空表。

```
SQL > delete fromUSERS_bak;
```

（2）创建触发器，实现删除备份。

```
SQL > CREATE TRIGGER BDFER_USERS
  2      BEFORE DELETE ONUSERS
  3   FOR EACH ROW
  4   BEGIN
  5     INSERT INTOUSERS_BAK(ID,NAME)
  6     VALUES(:OLD.ID,:OLD.NAME);
  7    END;
  8  /

Trigger created
```

（3）删除表 USERS 中的数据，同时备份到表 USERS_BAK 中。

```
SQL > DELETE FROM USERS
  2 WHERE ID = 8;

1 row deleted
```

（4）查看表 USERS_bak 中的数据情况。

```
SQL > SELECT  *  FROM USERS_BAK;
   ID       NAME
 -------   -------
   8        Lucy

1 row selected
```

13.5　任务 4—INSTEAD OF 触发器

INSTEAD OF 触发器又称为替代触发器，是建立在视图上的触发器，响应视图上的 DML 操作。此类触发器用于执行一个替代操作来代替触发事件的操作。例如，针对 INSERT 事件的 INSTEAD OF 触发器，它由 INSERT 语句触发，当出现 INSERT 语句时，该语句不会被执行，而是执行 INSTEAD OF 触发器中定义的语句。

对于简单视图，可以直接执行 INSERT、UPDATE 和 DELETE 操作。但是对于复杂视图，不允许直接执行 INSERT、UPDATE 和 DELETE 操作。当视图符合以下任何一种情况时，都不允许直接执行 DML 操作：

①具有集合操作符（UNION、UNION ALL、INTERSECT、MINUS）；

②具有算数函数（MIN、MAX、SUM、AVG、COUNT 等）；

③具有 GROUP BY、CONNECT BY 或 START WITH 等子句；

④具有 DISTINCT 关键字；

⑤具有连接查询。

为了在具有上述情况的复杂视图中执行 DML 操作，必须要基于视图建立 INSTEAD OF 触发器。在建立了 INSTEAD OF 触发器之后，就可以基于复杂视图执行 INSERT、UPDATE 和 DELETE 语句。但建立 INSTEAD OF 触发器具有如下注意事项：

①INSTEAD OF 选项只适用于视图；

②当基于视图建立触发器时，不能指定 BEFORE 和 AFTER 选项；

③当建立视图时，没有指定 WITH CHECK OPTION 选项；当创建 INSTEAD OF 触发器时，必须指定 FOR EACH ROW 选项。

【例 13.10】　创建触发器 INSTR_V_BOOK，实现对连接视图 V_BOOK（8.3.1 节中创建的复杂视图）的插入数据操作，即将对视图的数据更新替代为对基表的数据插入，从而实现对视图的数据的更新。

（1）查看视图 V_BOOK 的定义及数据，具体如下：

```
SQL > SELECT VIEW_NAME,TEXT FROM USER_VIEWS
  2  WHERE VIEW_NAME = 'V_BOOK';
```

V_BOOK 视图包含 BOOK 表中的 ISBN 和 BOOKNAME 列，以及 BOOKTYPE 表中的 BOOKTYPENAME 列，用于查看 ISBN、书名及图书类型名称。查看其定义结果如下：

```
VIEW_NAME                          TEXT
--------------------- -------------------------------------------------------
V_BOOK                          SELECT ISBN,BOOKNAME,BOOKTYPENAME
                                FROM BOOK JOIN BOOKTYPE
                                ON BOOK.BOOKTYPEID = B
SQL > SELECT * FROM V_BOOK;
```

查询视图中的数据，运行结果如下：

```
ISBN                     BOOKNAME                    BOOKTYPENAME
------------- ------------------------------- --------------------
9787730224478       Java 语言程序设计                 语言类
9787730224459       数据库原理及应用                  数据库类
9787730223456       Oracle 数据库应用开发             数据库类
```

（2）向视图 V_BOOK 中插入数据。

```
SQL > INSERT INTO V_BOOK VALUES('9787730224486','MySQL 数据库应用开发','
数据库类');

INSERT INTO V_BOOK VALUES('9787730224486','MySQL 数据库应用开发','数据
库类')

ORA - 01776:无法通过连接视图修改多个基表
```

（3）创建 INSTEAD OF 触发器，实现对视图的插入操作。

```
SQL > CREATE OR REPLACE TRIGGER INSTR_V_BOOK
          INSTEAD OF INSERT
          ON V_BOOK
DECLARE
             Var_BOOKTYPEID NUMBER(6);
          BEGIN
             SELECT BOOKTYPEID INTO Var_BOOKTYPEID
             FROM BOOKTYPE
             WHERE BOOKTYPENAME = :NEW.BOOKTYPENAME;
             INSERT INTO BOOK(ISBN,BOOKNAME,BOOKTYPEID) VALUES(:
NEW.ISBN,:NEW.BOOKNAME,Var_BOOKTYPEID);
          END;
/

Trigger created
```

向视图 V_BOOK 中插入数据，先要根据插入的图书类型名，在 BOOKTYPE 表中找到对应的 BOOKTYPEID 值。程序中定义了一个变量 Var_BOOKTYPEID，用来保存获取到的 BOOKTYPEID 值。然后，再向 BOOK 表中插入对应的值。

(4) 再次向视图中插入数据，成功完成。

```
SQL >INSERT INTO V_BOOK VALUES('9787730224486','MySQL 数据库应用开发','数据库类');

1 row inserted
```

(5) 查看视图数据。

```
SQL >SELECT * FROM V_BOOK;
```

新插入的数据已经能够检索出来，运行结果如下：

```
ISBN            BOOKNAME                    BOOKTYPENAME
------------- ----------------------------- --------------------
9787730224478  Java 语言程序设计              语言类
9787730224459  数据库原理及应用                数据库类
9787730224486  MySQL 数据库应用开发            数据库类
9787730223456  Oracle 数据库应用开发           数据库类
```

13.6 任务 5—系统事件触发器

Oracle 系统还允许开发人员建立与特定系统事件相关的触发器，即系统事件触发器。该触发器是建立在数据库或实例之上的触发器。触发事件包括 DDL 事件和数据库事件。

13.6.1 数据库事件触发器

数据库事件包括数据库启动 STARTUP、数据库关闭 SHUTDOWN、服务器错误 SERVER-ERROR 等。触发时间由具体事件决定。

【例 13.11】 创建例程启动触发器。

(1) 创建系统事件触发器需要有管理员权限，以管理员 SYS 登录。

```
SQL >CONN SYS/BOOKBORROW AS SYSDBA;
Connected to Oracle Database 11g Enterprise Edition Release 11.2.0.1.0
Connected as sys AS SYSDBA
```

(2) 创建记录历程启动信息的日志表。

```
SQL >CREATE TABLE OracleUSER.LOG_STARTUP (
  2     WHO VARCHAR2(30),
```

```
    WHEN DATE
  );

Table created
```

（3）创建例程启动触发器。

```
SQL >  CREATE OR REPLACE TRIGGERTR_STARTUP
       AFTER STARTUP ON DATABASE
       BEGIN
             INSERT INTO LOG_ STARTUP VALUES(ORA_SYSEVENT,SYSDATE);
       END;
       /

Trigger created
```

上述程序中，ORA_SYSEVENT 为事件属性函数，该函数返回激发触发器的系统事件名；SYSDATE 返回系统当前时间。

13.6.2 DDL 触发器

DDL 事件包括创建对象 CREATE、修改对象 ALTER、删除对象 DROP 等。触发时间可以是 BEFORE，也可以是 AFTER。

【例 13.12】 创建 DDL 触发器。

（1）创建记录 DDL 事件的日志表。

```
SQL >CREATE TABLE LOG_DDL
    (
      USER_ID VARCHAR2(30),
      OBJECT_TYPE VARCHAR2(20),
      OBJECT_NAME VARCHAR2(30)
    );

Table created
```

（2）创建 DDL 触发器。

```
SQL >CREATE TRIGGER TR_DDL
    AFTER CREATE ON DATABASE
    BEGIN
     INSERT INTO LOG_DDL
     VALUES(ORA_LOGIN_USER,ORA_DICT_OBJ_TYPE,ORA_DICT_OBJ_NAME);
    END;
```

```
/

Trigger created
```

上述程序中，ORA_LOGIN_USER 为事件属性函数，该函数返回登录用户名；ORA_DICT_OBJ_TYPE 返回 DDL 操作所对应的数据库对象类型；ORA_DICT_OBJ_NAME 返回 DDL 操作所对应的数据库对象名称。

13.7　任务6—用户事件触发器

用户事件触发器也称为客户触发器，是能够与 INSERT、UPDATE、DELETE 以外的用户登录、注销、DML、DDL 操作事件相关联的触发器。

【例 13.13】　创建用户事件触发器。对用户所删除的所有对象进行日志记录。

（1）创建删除日志记录表。

```
SQL >CREATE TABLE DROPPED_LOG
(
 OBJECT_NAME VARCHAR2(30),
 OBJECT_TYPE VARCHAR2(30),
 DROPPED_ON DATE
);

Table created
```

（2）创建用户触发器。

```
SQL >CREATE OR REPLACE TRIGGER LOG_DROP_TRIGGER
BEFORE DROP
ONBOOKUSER.SCHEMA
BEGIN
 INSERT INTO DROPPED_LOG
 VALUES(ORA_DICT_OBJ_NAME,ORA_DICT_OBJ_TYPE,SYSDATE);
END;
/

Trigger created
```

（3）删除数据库对象。

```
SQL >DROP VIEW BOOKUSER.V_BOOK;

View dropped
```

（4）查看日志。

```
SQL > SELECT * FROM DROPPED_LOG;
OBJECT_NAME              OBJECT_TYPE        DROPPED_ON
---------------------  -------------------  ------------------
BOOKUSER.V_BOOK             VIEW              2018/9/29 2
```

项目小结

本项目完成了图书借阅网站系统的触发器的创建，包括 DML 触发器、INSTEAD OF 触发器、系统事件触发器及用户事件触发器，介绍了触发器的管理操作，包括查看、启用、禁用及删除的设置。

项目拓展

1. 创建一个名为 TR_READERBORROW 的触发器，实现当删除一个读者时，自动删除该读者所有借阅信息。

2. 创建一个名为 TR_FINE 的触发器，实现读者还书时，判断是否超期。如果超期，按照每天 1 元计算罚金。

习　　题

1. 选择题

（1）下列（　　）动作不会激发一个触发器。

A. 更新数据　　B. 查询数据　　C. 删除数据　　D. 插入数据

（2）在使用 CREATE TRIGGER 语句创建行级触发器时，语句（　　）用来引用旧数据。

A. FOR EACH　　B. ON

C. REFERENCING　　D. OLD

（3）在创建触发器时，语句（　　）决定了触发器是针对每一行执行一次，还是针对每一个语句执行一次。

A. FOR EACH　　B. ON

C. REFERENCING　　D. NEW

（4）替代触发器可以被附加到（　　）数据库对象上。

A. 表　　B. 序列

C. 视图　　D. 簇

（5）下列（　　）语句用于禁用触发器。

A. ALTER TABLE　　B. MODIFY TRIGGER

C. ALTER TRIGGER　　D. DROP TRIGGER

(6) 条件谓词在触发器中的作用是（　　）。

A. 指定对不同事件执行不同的操作

B. 在 UPDATE 中引用新值和旧值

C. 向触发器添加 WHEN 子句

D. 在执行触发器前必须满足谓词条件

(7) 可以使用（　　）子句来更改相关性标识符的名称。

A. REFERENCING　B. WHEN　C. INSTEAD－OF　D. RENAME

(8) 下列（　　）相关性标识符是可用的，并且包括了 DELETE 触发器中要更新的值。

A. OLD　B. NEW　C. REFERENCING　D. 以上都不是

2. 填空题

(1) 在 Oracle 中，________是一种特殊的存储过程，它在发生某种数据库事件时由 Oracle 系统自动触发发器，通常用于加强数据的完整性约束和业务规则等。

(2) 在 Oracle 系统中，触发器有 4 个组成部分：________、________、________和________。

(3) 在 Oracle 系统中，包括了 4 种类型的触发器：________、________、________和________。

(4) 触发器可以在 SQL 语句运行之前和之后激活。按照触发器运行的时机分类，包括________和________。

(5) 由于 DML 语句可能同时作用多行，所以触发器的过程代码可能在作用的每一行上都运行一次，也可能只在所有的行上运行一次。按照触发级别分类，分为________和________。

(6) 可以通过系统视图________________来查看触发器的信息。

3. 简答题

(1) 简述什么是触发器。

(2) 简述触发器与存储过程的区别。

(3) 简述触发器的分类。

4. 读程序，填空

(1) 假设有一个表 TEST，它仅包含一个字段 DATA。现在创建一个触发器，实现将添加的数据变为大写。在下面的空白处填写适当的语句，使之可以正常运行。

```
Create or replace trigger test_trigger
After ________________
on ________________
for each row
Begin
    :new.data:=upper(________________);
End;
```

(2) 假设有一个名为 ACTION_TYPE 的表，它记录了对 STUDENT 表的操作。在空白处填写适当的代码，完成上述功能。

```
Create or replace trigger biud_student_trigger
     Before ________________
     on student
Declare
    Action action_type.type% type;
Begin
    if ________________ then action: = 'INSERT';
    elsif ________________ then action: = 'UPDATE';
    elsif ________________ then action: = 'DELETE';
    end if;
    insert into action_type value(user,action);
End;
```